W0086237

Markus Cerenak

Erfolgsfaktor Bloggen

Markus Cerenak

Erfolgsfaktor Bloggen

Mehr Bekanntheit.
Mehr Kunden.
Mehr Umsatz.

Bibliografische Informationen der Deutschen Nationalbibliothek
Die Deutsche Nationalbibliothek verzeichnet diese Publikation
in der Deutschen Nationalbibliografie; detaillierte bibliografische
Daten sind im Internet über http//dnb.d-nb.de abrufbar.

ISBN 978-3-86936-729-3

Lektorat: Eva Gößwein, Berlin
Umschlaggestaltung: Martin Zech Design, Bremen | www.martinzech.de
Umschlagfoto: triloks/Stockphoto.com
Autorenfoto: Jolly Schwarz, Wien
Satz und Layout: Lohse Design, Heppenheim | www.lohse-design.de
Druck und Bindung: Salzland Druck, Staßfurt
© 2016 GABAL Verlag GmbH, Offenbach

Alle Rechte vorbehalten. Vervielfältigung, auch auszugsweise,
nur mit schriftlicher Genehmigung des Verlages.

www.gabal-verlag.de
www.twitter.com/gabalbuecher
www.facebook.com/Gabalbuecher

Inhalt

Bevor es losgeht

Ein Vorwort vor dem Vorwort? Ja, weil es wichtig ist, bevor es losgeht ein paar Worte zu verlieren. (Keine Angst, ich habe sie alle wiedergefunden. Sonst wäre dieses Buch nicht entstanden.)

Ein Buch wie dieses ist für mich, wenn ich selbst in der Leserrolle bin, wie eine Wanderung. Ich lerne etwas Neues, bin von einigen Dingen begeistert, andere Gedanken brauchen ein wenig mehr Zeit, bis ich sie toll finde. Manche Inhalte setze ich sofort um und alles klappt wie am Schnürchen, bei anderen dauert es länger, manches will und will einfach nicht gelingen.

Eine Wanderung ist kein gerader Weg. Es gibt keinen Berg der Welt, an dem der Weg zu 100 Prozent vorgezeichnet ist, an dem du nach kleinen Hügeln und Zwischengipfeln nicht auch wieder ein paar Schritte ins Tal gehen musst, bevor es wieder so richtig bergauf geht. **Kein gerader Weg**

Im Leben ist das auch so, und auch bei allen Dingen, die wir lernen, die neu in unser Leben treten. Wie bei diesem Buch auch. Eine Wanderung mit Kurven und Aufs und Abs.

Zuallererst möchte ich das „Buch-Du" anbieten. Ich möchte also dich, liebe Leserin, und dich, lieber Leser, mit Du ansprechen. Denn ich bin Österreicher. Und wir sagen ab 1000 Meter Seehöhe zu jedem Du. Und du und ich werden mit diesem Buch deinen Blog definitiv höher bringen als „nur" auf 1000 Meter. Daher hoffe ich, dass die Anrede mit Du für dich okay ist.

Zweitens, ich bin Blogger. Kein Buchautor. Ich bin es gewohnt, mit meinen Lesern sehr direkt zu interagieren, manchmal fast wie in einem Gespräch. Daher schreibe ich gewöhnlich auch so, **Wie ein Gespräch** wie ich spreche. Manchmal flapsig und frech, manchmal freundschaftlich und sogar intim. Die Tonalität meines Schreibstils unterscheidet sich vielleicht erheblich von anderen Sachbüchern, die du bis jetzt gelesen hast.

Drittens, Bloggen ist meine Leidenschaft. Und ich schreibe dieses Buch aus einem Grund: dass es auch deine werden soll. Daher wünsche ich mir eines von ganzem Herzen: dass dieses Buch nicht wie tausend andere Sachbücher nur zu einem Drittel gelesen wird und dann nichts passiert. All diese Strategien rund um erfolgreiches Bloggen sind nichts wert, wenn sie nur in diesem Buch stehen. Auch wenn sie von dir gelesen werden, bleiben sie zunächst wertlos.

In die Tat umsetzen Wert bekommen sie erst dann, wenn du sie in die Tat umsetzt, wenn all diese vielen kleinen Ideen, Tipps, Tricks und Hacks von dir Schritt für Schritt umgesetzt werden und so einen erfolgreichen Blogger aus dir machen. Mit einem Blog, auf den du stolz bist. Und der gutes Geld für dich verdient.

So, jetzt aber zur eigentlichen Einleitung und zur Frage, warum jemand, der noch vor ein paar Jahren Bloggen so richtig blöd fand, nun ein Buch über den „Erfolgsfaktor Bloggen" schreibt.

Einleitung

Oktober 2012. Die Lobby eines außerordentlich zweitklassigen Hotels in Wien. Nicht schäbig, nicht ungepflegt, aber alles andere als ein Luxushotel. Ich hatte Pause. Ich war damals Kommunikationstrainer und hatte am Vormittag über Ziele-Strategien gesprochen. Nun war mein Kollege dran und ich schlug wieder einmal Zeit tot. Eigentlich hatte ich so einiges zu tun, aber ich wollte erst mal ein wenig im Internet „surfen" ... (Auf dieses Thema – nämlich Aufschieberitis & Co. – und was sich da verändert hat, kommen wir im Laufe des Buches noch zu sprechen.)

Also sprang ich von einer Webseite zur anderen, ohne Plan und Ziel. Browsing, wie man auf Neudeutsch sagen würde. Und dann geschah er – der Klick, der alles veränderte. Ich weiß, das klingt jetzt wahnsinnig schwülstig, und das schon in der Einleitung, aber glaube mir, es war tatsächlich so.

Der Klick, der alles veränderte

Ich kam auf eine Webseite mit dem Namen „The Art of Nonconformity". Eigentlich war es keine Webseite, sondern ein Blog, wie ich später feststellte. Aber eines war klar: Ich war gefesselt. Der Autor hatte es mit dem Look-and-feel der Webseite, mit einer Handvoll Artikelüberschriften und ein paar grafischen Elementen geschafft, dass ich begann, seine Artikel zu lesen, dass ich begeistert war, mich mit ihm verbunden fühlte und „wusste": Der Typ, der da schreibt, kennt genau meine Probleme. Ich habe mich sogar noch für seinen Newsletter eingetragen, obwohl ich Newsletter und überhaupt das ganze E-Mail-Zeugs hasse. Das alles überraschte mich gehörig.

Dazu ein kleiner Exkurs in meine damalige Denkwelt: Mir war gar nicht klar, was ein Blog eigentlich ist. Warum schreibt man einen Blog? Was soll das denn bringen? Kostet doch nur Zeit, ist nur

Liebhaberei und man muss mit neunmalklugen Lesern herumdiskutieren. Zudem fragte ich mich: Wer will das lesen? Warum soll ich Artikel von einem No-Name-Blogger auf einer Wald-und-Wiesen-Webseite lesen, wenn ich mir doch ein Buch von international erfolgreichen Autoren kaufen kann? Oder eine Zeitung. Oder ein Fachmagazin. Wer zum Teufel nimmt sich die Zeit (die heutzutage ohnehin Mangelware ist) und liest diese ganzen Blogartikel?

Ich hatte bis zu diesem Zeitpunkt keine Blogs gelesen und sah den Sinn dahinter nicht. Lediglich für unsere Trainer-Webseite hatte ich damals eine Handvoll Artikel schreiben müssen. Mit Todesverachtung und tiefer Abneigung: „Weil man ja auch ein wenig bloggen muss!"

Und ich sag's, wie es ist: Diese Einstellung änderte sich mit einem Schlag, nachdem ich nur fünf Minuten in Chris Guillebeaus Blog „The Art of Nonconformity" hineingelesen hatte. Warum? Mir war sofort klar: Hier meint es jemand ehrlich mit mir. Chris „ken nt" meine Gedanken, meine Probleme, das was mich beschäftigt, was mich nachts nicht schlafen lässt. Ich war damals in einer Phase, in der ich nicht recht wusste, wo meine Karriere hingehen sollte und ob der „normale" Weg auf der Karriereleiter (egal, ob angestellt oder selbstständig) das Richtige für mich sei. Und Chris „wusste" das alles. Denn jeder seiner Artikel lies mich nicken und denken: „Ja genau! Ja, so ist es. Das beschäftigt mich, das bewegt mich." Meine Überzeugung war: Chris war dort, wo ich jetzt noch bin, und er wird mir zeigen, wie ich rauskomme.

Nein, das war keine Sekte oder Ähnliches. Auch kein „Eso-Spiri-Seelenverschwandschafts-Früheres-Leben-Getue". Chris war einfach ein Typ, der ähnliche Probleme hatte wie ich und mir irgendwie (keine Ahnung wie) glaubhaft vermittelte, dass er mir Wege zeigen konnte, um Antworten zu finden.

Und jetzt kommt ein Faktor, der für mich entscheidend war: Der Blog war keine Liebhaberei. Es war ein Business. Authentisch, ehrlich und echt. Perfektes Personal Branding und beseelt von der echten Motivation, etwas in jedem einzelnen Leser bewegen zu wollen. Und das war auch kein Mini-Business, sondern ein echtes. Ein handfestes 100K-Business (US-Slang für mindestens 100 000 Dollar Umsatz im Jahr).

Perfektes Personal Branding

Für mich stand nach 15 Minuten auf dieser Webseite fest: „Das mache ich. Ich bin jetzt Blogger." Und sofort nach diesem Gedanken kam der zweite: „Verdammt!"

Ich habe keinen Plan, wie ich das hinbekomme. Nothing. Null. Nada." Okay, ich hatte einen zehnjährigen Marketing-Background, also bereits ein paar Hausaufgaben in Richtung Selbstvermarktung gemacht, aber der Rest? Ich hatte nicht den leisesten Schimmer.

Und was tut der kleine Österreicher, wenn er nicht weiß, wie Bloggen funktioniert? Richtig! Er schreibt an den großen Chris Guillebeau, der Hunderttausende Blogleser pro Monat hat, eine Mail und erkundigt sich einfach, wie man ein erfolgreicher Blogger wird. „Super Idee, Markus!", denkst du jetzt vielleicht. „Funktioniert sicher. Der hat ja auch nichts anderes zu tun, als dir zu antworten."

Nach rund vier Stunden war die Antwort von Chris da. Ich war – gelinde gesagt – baff. Dieser Mann betreibt eine coole Webseite, hat offenbar riesigen Erfolg, verdient eine Menge Kohle und nett ist er auch noch?

Chris nannte mir ein paar amerikanische Seiten, auf denen ich mich informieren könne und sicher Antworten finden würde. Ich kippte so richtig hinein in die ganze Sache und merkte schnell: Der Mann ist nicht allein. Es gibt im englischsprachigen Raum viele Blogger, die nach einem ähnlichen Konzept mit den unterschiedlichsten Themen ein erfolgreiches und authentisches Business aufgezogen haben. Mit einem Blog und allem, was dazu gehört.

Anschließend machte ich mich auf die Suche nach deutschsprachigen Blogs mit ähnlichen Geschäftsmodellen und wurde (bis auf einige wenige Ausnahmen, die man damals an einer Hand abzählen konnte) nicht fündig. „Okay, Markus", sagte ich zu mir. „Dann machst du sowas mal ...". Ich hatte zwar noch immer nicht viel mehr Ahnung, aber irgendetwas in mir wusste, dass das jetzt mein Ding war. Und von solchen Nebensächlichkeiten wie „Eigentlich weiß ich gar nicht, wie das geht" wollte ich mich nicht beeindrucken lassen.

Ein kleiner Zeitsprung. Rund acht Monate später lief mein Blog auf Hochtouren und ich saß im Flugzeug nach Hamburg, um einem Unternehmer bei Aufbau seines Blogs zu helfen. Offenbar hatte da etwas gut funktioniert. In einem halben Jahr hatte ich nicht nur einen Blog aufgebaut, der rund 10 000 monatliche Leser hatte, sondern wurde auch immer öfter gefragt: „Wie hast du so schnell einen so erfolgreichen Blog aufgebaut?" „Wie kann man von einem Blog leben?" „Kann mein Blog mir bei meinem Business helfen?"

Bloggen als Erfolgsfaktor im Business

Und genau darum geht es in diesem Buch: was einen gut gemachten Blog ausmacht und was ein solcher dazu beitragen kann, ein Business aufzubauen oder ein bestehendes auf die nächste Ebene zu hieven. Genug über mich. Jetzt krempeln wir gemeinsam die Ärmel hoch und bringen einen neuen Erfolgsfaktor in dein Leben. Den Erfolgsfaktor Bloggen. Vorher aber noch ein paar Sicherheitshinweise (Bücher haben ja noch keine Beipackzettel). Du solltest wissen, worum es in diesem Buch geht – und worum nicht.

Es gibt meiner Erfahrung nach zwei Arten von Menschen: Hinzu- und Weg-von-Typen, also jene, die auf etwas hinarbeiten, und die anderen, die etwas nicht mehr wollen. Das ist auch schon eine der wichtigsten Lektionen beim Bloggen, aber nichts überstürzen. Wie diese Typologien helfen, einen erfolgreichen Blog aufzubauen, dazu kommen wir später.

In der guten alten Trainer-Schule habe ich gelernt, dass man bei der Kommunikation mit Menschen immer beide Typen abholen soll, und artig, wie ich bin, mache ich das jetzt zunächst einmal. Wir klären gemeinsam, was du in diesem Buch von mir bekommst, und setzen auch ganz klare Grenzen, die zeigen, was ich nicht liefere. (Keine Angst, ich lasse dich nicht im Regen stehen. Die Regenschirme stehen im Online-Bonus-Bereich für dich bereit – aber ich greife schon wieder vor.)

Das bekommst du in diesem Buch

In diesem Buch liefere ich dir alles, was du brauchst, um einen erfolgreichen Blog zu starten oder einen bestehenden erfolgreicher zu machen und damit auch Geld zu verdienen. Punkt. Kurz und prägnant.

Wichtig ist mir, dass du von mir nur Werkzeuge und Strategien bekommst, die funktionieren, die ich persönlich ausprobiert habe oder die befreundete, erfolgreiche Blogger-Kollegen einsetzen. Ich habe somit die Crash-Test-Dummy-Funktion für dich übernommen, bin für dich einige Mal nicht nur in eine Sackgasse gefahren, sondern auch gehörig gegen eine Mauer geknallt. Das erspart dir dieses Buch. Also sparst du Zeit, Geld und Nerven und nimmst quasi die Überholspur.

Die Werkzeuge, die du bekommen wirst, sind sogenannte Evergreen-Strategien. Das bedeutet, dass sie nicht irgendwelchen technischen Veränderungen unterworfen sind. Wir beschäftigen uns nicht mit trendigen Social-Media-Apps, aktuellen Suchmaschinen oder Online-Werbestrategien, die übermorgen (eher morgen) nicht mehr aktuell sind, wodurch das Buch Tag für Tag an Wert verlieren würde. Du bekommst von mir all die Tipps und Tricks, die Bestand haben. Wir haben nämlich ein Ziel: Wir bauen eine Beziehung zu unseren Lesern und Kunden auf – nicht zu Google, Facebook, YouTube und Co. Daher wird dir dieses Buch auch noch in ein paar Jahren gute Dienste leisten.

Tipps & Tricks, die Bestand haben

Im Detail lernst du:

- wie ein Blog die menschlichen Bedürfnisse & Motive online befriedigt.
- was ein Blog überhaupt ist und was ein Blog bringt.
- wie du ein Businessmodell für deinen Blog definierst.
- was die Grundpfeiler der Blog-Positionierung sind.
- welche Inhalte es auf einem Blog geben muss.
- wie du Inhalte entwickelst, die für deine Leser und für dich nützlich sind.
- wie du Leser auf deine Webseite holst und sie zu Fans machst.
- wie du deinen Content-Marketing-Workflow organisierst.
- wie du mit einem Blog Geld verdienst.
- was passives Einkommen ist und wie das dein Blog für dich erledigen kann.

Am Ende fast jedes Kapitels oder Abschnitts gibt es Aufgaben, die zwei Zwecke erfüllen: erstens die Inhalte des Buches mithilfe der Praxis zum Leben zu erwecken und dir zweitens eine einfache Schritt-für-Schritt-Anleitung zu liefern, wie du deinen Blog quasi als Nebenprodukt zur Lektüre dieses Buches aufbauen oder verbessern kannst.

Das bekommst du nicht

Wenn es um Evergreen-Strategien geht, liegt es in der Natur der Sache, dass der ganze technische Schnickschnack (wie baue ich einen Blog technisch auf, welche Tools setze ich ein etc.) nicht Inhalt dieses Buches ist. Wir lernen nicht gemeinsam, WordPress (ein Webseiten-Selbermacher-Tool) zu installieren, Facebook-Seiten anzulegen, E-Mail-Marketing technisch aufzusetzen oder Ähnliches. Solche Inhalte lernt man besser online, denn ein digitales Produkt kann den Veränderungen schneller gerecht werden. Außerdem kannst du (außer du liest eine E-Book-Version) hier nicht klicken. Kleine Anekdote am Rande: Ich habe mich tatsächlich schon einmal dabei ertappt, wie ich mit meinem Finger auf eine Zeile eines Buchs getippt und eine Reaktion erwartet habe. Kam aber nix.

Vieles von all dem Technikkram gibt es im kostenlosen Online-Bonus-Bereich zu diesem Buch. Im Anhang erfährst du, wie du in den Genuss all der exklusiven Inhalte kommst, die es nicht in dieses Buch geschafft haben (weil zu technisch oder zu umfangreich). Im Online-Bonus-Bereich findest du all die Ressourcen, die deine technischen Fragen (solltest du welche haben) beantworten, und eine Reihe von weiterführenden Strategien. Der Bonus-Bereich wird von mir auch laufend erweitert und es erwarten dich nicht nur Linksammlungen und weiterführende Artikel, sondern auch Videos und vieles mehr.

Sind die Ärmel nun hochgekrempelt? Bist du bereit, ein erfolgreicher Blogger zu werden und ein Stück weit deine und auch die Welt deiner Leser zu verändern?

Okay, du hast es so gewollt. Dann gehen wir das jetzt an!

Warum?
Erfolgreiches Bloggen beginnt im Kopf

Der erste Teil dieses Buches steht vor dem Anfang. Wir beginnen also nicht sofort damit, die ersten Artikel zu schreiben oder die Details zu klären. Wir starten stattdessen in deinem Kopf.

Denn ein erfolgreicher Blog entsteht im Kopf. Mir ist wichtig, dass dir klar wird, welche Denke und welche Einstellung hinter erfolgreichen Blogs steht, wie wir Blogger ticken (also bald auch du) und welche Fragen noch vorm Schreiben des ersten Wortes beantwortet werden müssen, damit du eine sehr gute Chance hast, einen erfolgreichen Blog zu betreiben.

Zusätzlich ist der erste Teil auch dazu da, das Grundwissen rund ums Bloggen zu vermitteln, ein paar Missverständnisse auszuräumen und dir zu zeigen, was so ein Blog alles tun und zuwege bringen kann. Und zwar vor allem für dich.

1.1 Wie ein Blog deine Welt verändert

Vielleicht klingt das jetzt ein wenig pathetisch, aber Bloggen ist mehr als eine Webseite mit Inhalten befüllen, es ist mehr als viele Leser erreichen und dadurch ein Business aufbauen. Bloggen ist für mich eine Weltanschauung und ein Lebensstil. Eine Sichtweise auf „Arbeiten" und „Leben" und den Einklang von beidem. Die Idee von Work-Life-Balance war für mich immer schon ein Irrtum, denn ich will nichts ausgleichen. Ich will eine Einheit. Ich habe ein Leben, und das besteht aus verschiedenen Bereichen, die (ja, so naiv bin ich) mir alle Spaß machen sollen.

Daher ist Bloggen für mich der beste Weg, das zu tun, was ich gerne tue, und damit gleichzeitig auch gutes Geld zu verdienen. Und genau aus diesem Grund beginnen wir vor dem eigentlichen Anfang.

Das Hamsterrad und der Feind neben deinem Bett

Millionen von Menschen werden von Montag bis Freitag von einem Wecker daran erinnert, was sie zu tun haben. Und dieser Wecker ist für mich ein Symbol. Ein Symbol dafür, dass wir an etwas erinnert werden, das wir eigentlich nicht tun möchten. Denn niemand von uns hat jemals verschlafen, wenn der Flug in die Karibik wartete. Niemand von uns hat jemals etwas vergessen, das einem persönlich wirklich wichtig war. Denn wenn es um etwas Bedeutsames geht, etwas, das man wirklich will, dann verschläft man nicht, dann vergisst man nicht, dann tut man es einfach. Man braucht nicht erinnert oder motiviert zu werden.

Aber dieser Wecker, der erinnert uns daran, dass wir aufstehen Erkennst du dich und irgendwohin gehen müssen, wo wir oftmals gerade nicht hin wieder? wollen. Ich kann mich erinnern, wie es bei mir damals war: Ich habe dann auf die Snooze-Taste gedrückt, um mir noch zehn Minuten zu genehmigen. Und in dieser Zeit habe ich mir überlegt, was heute im Job alles passieren könnte: „Was wird alles nicht klappen? Was wird heute wieder nicht so laufen, wie ich es mir wünsche? Welche Katastrophen erwarten mich?" Gleichzeitig habe ich mir gedacht: „Wäre es nicht schön, jetzt etwas ganz anderes zu machen? Eigentlich würde ich gerne etwas ganz anders tun – jetzt –, nicht ins Büro fahren, zu einem Job, der mir nichts bedeutet." Aber ich dachte, dass ich das muss, weil es alle tun, und weil es sich so gehört. Denn irgendwann mal während meines Studiums habe ich mich dafür entschieden.

Eine Entscheidung, die man nicht rückgängig machen kann. Oder doch? Ich habe damals fertig studiert und nach dem Studium einen Job im Marketing angenommen – Kulturmarketing. Und bereits nach ein paar Wochen war mir klar: „Der Traumjob, der ist gar nicht so traumhaft, wie ich es mir immer vorgestellt habe!" Aber ich habe weitergemacht, weil ich mir dachte: „Jetzt hast du dich dazu entschieden. Du hast den Freunden und der Familie erklärt, wie cool der Job ist und welch tolle Karriere du machen wirst. Jetzt etwas völlig anderes zu machen – das kannst du einfach nicht bringen."

Dann kam der nächste Job: Verlagsmarketing. Cooler Job, großes Unternehmen, führender österreichischer Magazinverlag ... Ich habe es (gelinde gesagt) gehasst! Und ich war nicht allein, es waren in diesem Büro viele um mich herum, die ihren Job mindestens genauso sehr gehasst haben, die in der Mittagspause gesagt haben: „Lange halte ich das nicht mehr aus, ich kündige bald!" Auch ich habe das gesagt. Und niemand hat gekündigt, niemand hat es getan. Wir sind alle wie selbstverständlich in diesem System geblieben. Freitagnachmittag oder Freitagabend, als ich nach Hause ging, habe ich die Firma im Kopf mitgenommen. Und Sonntagmittag ging es bereits wieder los, ich habe mir überlegt, was am

Montag wieder alles passieren könnte. Denn ich dachte mir, dass ich keine Alternative habe. „Es gibt nichts anderes. Du hast dich dafür entschieden, da kannst du keinen Rückzieher machen. Das wäre eine Schwäche. Da beißt du dich jetzt durch!"

Irgendwann habe ich doch gekündigt, und mich mal „im Kopf selbstständig gemacht". Dann kam der nächste Job – wieder Kulturmarketing. Und ich habe es wieder getan, immer wieder. Immer wieder war ich im System, nach einigen Monaten oder Jahren hieß es dann: kündigen, im Kopf selbstständig machen, wieder anstellen und wieder kündigen und wieder im Kopf selbstständig machen ...

Warum machen wir das Ganze eigentlich?

Irgendwann saß ich da und dachte mir: „Warum tust du das eigentlich? Wie kann es sein, dass du fünf Tage pro Woche deine Lebenszeit, deine Energie investierst in etwas, das dir gar nichts bedeutet? Denn das, was du verkaufst und bewirbst, das würdest du selbst nicht kaufen. Du würdest es selbst nicht konsumieren und niemandem empfehlen. Es ist für dich nicht bedeutsam, und für die anderen auch nicht."

Etwas ganz anderes machen

Im Buch *Generation Golf* 2 bringt es Florian Illies perfekt auf den Punkt: „Ich könnte mir vorstellen, auch mal was ganz anderes zu machen." (Überschrift des ersten Kapitels.) Ich kann mich erinnern, dass auch viele meiner Freunde und Bekannten genau das immer wieder gesagt haben. Aber niemand hat es getan! Weil wir glaubten, wir müssten. Weil das System es so für uns vorgesehen hat. Weil wir glaubten, keine andere Wahl zu haben.

Die Kehrtwendung brachte ein Personal Coach, der mich auf ein relativ großes Projekt vorbereitete. Er erstellte ein Persönlichkeitsprofil von mir und sagte dann: „Du wirst dieses Projekt natürlich meistern, alles wird gut laufen, aber von deiner Persönlichkeit her bist du ein ganz anderer Typ. Du bist eigentlich ein Trainer, ein

Coach. Jemand, der Menschen Türen aufmacht und sie vielleicht sogar ein Stück unterstützt und inspiriert."

Dazu muss ich eines sagen: Das war eine Horrorvorstellung für mich. Ich war 15 Jahre lang nebenberuflich als DJ tätig und habe es die ganze Zeit über geschafft, mich davor zu drücken, das Mikrofon in die Hand zu nehmen, um beispielsweise Geburtstagsgrüße durchzusagen, weil ich Angst davor hatte, vor Menschen zu sprechen. Ich habe es hingekriegt, mich während der sieben Jahre meines Studiums erfolgreich vor Referaten zu drücken, weil ich Angst davor hatte, vor Menschen zu sprechen.

Meine Antwort war daher: „Sei mir nicht böse, aber vor Menschen sprechen ist das, wovor ich am meisten Angst habe. Das habe ich jahrelang vermieden, und du sagst mir jetzt, ich sei ein Trainer, ein Coach, ein Mentor?" Und er entgegnete: „Vielleicht ist das, wovor wir die meiste Angst haben, das, was wir am besten können".

Bam, das hatte gesessen. Den Satz musste ich mal sacken lassen. Vielleicht machst du das auch mal schnell. Sicherheitshalber wiederhole ich ihn noch mal:

. . . .

Vielleicht ist das, wovor wir am meisten Angst haben, das, was wir am besten können.

. . . .

Der Satz hat bei mir ein Umdenken eingeleitet. Das, wovor du am meisten Angst hast, wovor du dich vielleicht dein Leben lang drückst, könnte das sein, was du am besten kannst. Und vermutlich ist dir genau jetzt in diesem Augenblick bereits etwas eingefallen, von dem du sagst: „Das kann ich mir überhaupt nicht vorstellen!" Vielleicht bist du genau darin gut.

Die Berufung finden – dem Zeitgeist folgen?

„Zeitgeist" ist ein schönes Wort. Es beschreibt etwas, das momentan gerade „im Trend" ist. Früher hätte man „in" dazu gesagt, aber diese Formulierung ist heute retro. Es geht jedenfalls um diese Berufung-, Leidenschaft-, „Dein eigenes Ding machen"-Sache. Denn die eigene Berufung zu finden ist ja ohne Frage voll im Trend. An allen Ecken und Enden hört, liest oder sieht man es: „Finde deine Berufung!"

Selbstbestimmt
eigene Werte
leben

Nur selten, leider viel zu selten, wird dabei jedoch klargestellt: Die Berufung zu finden ist nicht die Lösung. Und das Damit-Geld-Verdienen oder einfach das Selbstständig-Sein an sich schon gar nicht, das ist kein Selbstzweck. Es geht vielmehr darum, die Motive und Werte zu leben, die dahinterstehen. Du kannst deine Leidenschaft nur dann finden, wenn du deine Werte kennst, wenn du weißt, worum es dir wirklich geht. Das Leben der eigenen Berufung ist in Wahrheit das Leben der eigenen Werte, und zwar selbstbestimmt. Das bedeutet, den eigenen Maßstab zu kennen, zu definieren und dann konsequent zu leben. Mit Begeisterung – und viel Arbeit. Ja, sorry, viel Arbeit, aber die gute Nachricht ist: Diese Arbeit fühlt sich grundlegend anders an.

In den Social Media bemerke ich seit Langem die Tendenz, dass Menschen sich mit der eigenen Berufung selbstständig machen und sich davon quasi den heiligen Gral versprechen. Doch nein, der ist da nicht – nicht im Internet, nicht da draußen, nicht bei irgendwelchen Von-heute-auf-morgen-reich-werden-Geschichten. Ganz ehrlich: Es gibt den großen Durchbruch nicht auf Knopfdruck. Dein persönlicher Erfolg beginnt vielmehr darin, dass du dir zunächst überlegst, was dein persönlicher Erfolg eigentlich ist. Und er beginnt in dir, und zwar dann, wenn du eines verstanden hast: dass alles in deinem Leben eine Entscheidung ist.

Ich weiß, das klingt jetzt ein bisschen übertrieben. Dir werden tausend Dinge einfallen, von denen du sagst: „Das war keine Entscheidung, das war Schicksal, das ist mir passiert, dagegen konnte ich nichts tun, dem bin ich ausgeliefert, ich habe keine andere Wahl." Aber wenn wir es uns ganz genau anschauen und zu uns selbst ehrlich sind, ist tatsächlich alles im Leben eine Entscheidung. Es ist nämlich nur ein Abwägen von Konsequenzen. Viele Konsequenzen wollen wir vermeiden, und deswegen sagen wir, dass wir „nichts dafür können". Je schlimmer die Konsequenzen sind, umso mehr empfinden wir die Situation als Zwang. Welche Gegenbeispiele kamen dir spontan in den Sinn, als ich gesagt habe, dass alles im Leben eine Entscheidung ist? Hattest du da wirklich keine Wahl?

Ja, es gibt Schicksalsschläge, aber wir haben dann immer noch die Möglichkeit, zu entscheiden, wie wir darauf reagieren. Der Psychologe Viktor Frankl war in mehreren Konzentrationslagern inhaftiert und kam durch seine Erfahrungen zu der Erkenntnis: „Alles kann einem Mann oder einer Frau genommen werden, mit einer Ausnahme: die letzte Freiheit des Menschen, seine Haltung in jeder Situation selbst zu wählen, seinen eigenen Weg zu wählen." (Viktor Frankl, *Die Suche des Menschen nach Sinn.*)

Neue Werte, neue Motivation

Wenn alles eine Entscheidung ist, stellt sich die Frage, wofür wir uns entscheiden. Hier hat sich einiges verändert. Die Zeiten sind vorbei, in denen wir lediglich Dinge taten, damit es uns persönlich gutgeht. Es gibt einige Studien über die Motivation, aus der heraus Menschen arbeiten, und spannenderweise zeichnen sich hier Veränderungen ab: Während es in den 8oer- und 9oer-Jahren noch darum ging, Kohle zu scheffeln, Macht zu erlangen und sich dadurch zu definieren, lag der Fokus in den 2000er-Jahren darauf, sich selbst zu verwirklichen, sich selbst zu suchen und zu finden und sich durch das, was man tut, auszudrücken. Und heute? Heute ist die Tendenz erkennbar, dass Menschen Dinge tun, damit sich alle wohlfühlen, damit es allen gutgeht.

Das mag jetzt vielleicht ein bisschen esoterisch klingen, aber ich habe die Erfahrung gemacht, dass Geben das neue Nehmen ist. Dass ich gerne Dinge tue, mit denen ich Menschen unterstütze. Als ich begonnen habe, als Trainer zu arbeiten, war es für mich das Allerschönste zu sehen, wie sich Menschen in meinen Seminaren weiterentwickelt haben. Natürlich möchte ich von dem, was ich gerne tue, auch leben, aber um nichts auf der Welt möchte ich Geld verdienen mit etwas, was mir nichts bedeutet und was anderen nichts bedeutet, oder etwas tun, das für andere nicht auch bedeutsam ist.

Du wirst dich fragen, was das alles mit einem erfolgreichen Blog zu tun hat. Die Antwort ist: alles. Denn ein Blog ist das allerbeste Mittel, das zu tun, was du gerne tust, was für dich Bedeutung hat, was dich strahlen lässt und womit du andere Menschen unterstützt, und er liefert dir dabei auch noch ein gutes Einkommen.

Menschen online – zwei entscheidende Motive

Es gibt zwei Gründe, warum jeden Tag Millionen Menschen einen Internetbrowser öffnen und Suchmaschinen wie Google benutzen:
1. zur Unterhaltung.
2. um ein Problem zu lösen.

Google ist die größte Problemlösungsmaschine der Welt. Menschen suchen im Web nach Antworten, sei es nun auf übliche Fragen wie „Wie nehme ich ab?", „Wie finde ich eine Freundin?" oder „Wie werde ich reich?" oder aber auf Fragen zu einem echten Nischenproblem wie „Wie binde ich eine Fliege zum Smoking?", „Wie pflege ich Orchideen im Winter?" oder „Wie automatisiere ich mein Facebook-Marketing?".

Die eine Seite der Menschheit stellt Fragen an das Internet, die andere Seite gibt die Antworten. Und hier wird es spannend: Ich behaupte nämlich, dass jeder Mensch ein Experte in einem ganz bestimmten Bereich ist. Jeder Mensch verfügt über Spezialwissen in irgendeinem Themenbereich. Früher (also vor der Zeit des Internetbusiness) konnte man mit dieser Art Wissen wenig anfangen, denn die lokalen Einschränkungen machten es unmöglich, beispielsweise mit der Antwort zur Frage „Wie schaffe ich es, länger als zwei Minuten die Luft anzuhalten" (einfach mal Wim Hof googlen) auch nur ansatzweise Geld zu verdienen. Das hat sich geändert. Mussten unsere Eltern und Großeltern noch die örtlichen Begebenheiten und den Einzugsbereich der Zielgruppe bedenken, kann uns das heute herzlich egal sein. Denn die ganze Welt kann mich, meine Webseite und mein Produkt sehen. Und zwar 24 Stunden am Tag.

Jeder ist ein Experte

Aber was macht nun einen „modernen" Blogger aus? Was sind die Faktoren, die Erfolg garantieren und dadurch auch mehr Fans, mehr Community, mehr Interessenten, mehr Kunden und mehr Umsatz? Wie in vielen anderen Businessbereichen entscheidet die Strategie. Ja, auch wenn dich das jetzt überrascht: Ein erfolgreicher Blog braucht eine Strategie. Aber zunächst widmen wir uns im nächsten Abschnitt gemeinsam der Frage: Was ist eigentlich ein Blog?

. . . .

Aufgaben

Zuerst etwas Grundsätzliches zu den Aufgaben: Du und ich haben keine Zeit. Das ist allgemein bekannt. Daher wird in vielen Sachbüchern über diese Art von Aufgaben und Übungen einfach hinweggelesen. „Das mache ich später mal in Ruhe, jetzt lese ich gleich das nächste Kapitel", denkt man sich. Ich weiß das sehr gut, denn genauso habe ich früher auch mal gedacht. Ich habe mir nie Zeit genommen, etwas Neues so richtig ernsthaft für mich zu erarbeiten. Denn meistens war ich mit dem Kopf schon beim nächsten, manchmal sogar übernächsten Schritt. Für dieses Problem gibt es aber eine einfache Lösung: sich Zeit nehmen. (Falls du damit Probleme hast, hilft dir die Anleitung im Exkurs 1.) Denn es lohnt sich auf jeden Fall, sich intensiv mit den Aufgaben am Ende des Kapitels zu befassen.

Nun zu den Aufgaben selbst: Wenn du die Fragen liest, dann schießt dir meist sofort eine Antwort durch den Kopf. Das geht blitzschnell, und du kannst auch gar nichts dagegen tun. Das ist dann auch die richtige Antwort. Wichtig ist, dass du dir diese spontanen Antworten sofort notierst und all deine Unterlagen rund um dieses Buch sammelst. Im Laufe einer Blogger-Karriere schadet es ganz und gar nicht, hie und da zurück zum Ursprung zu kommen. Diese Notizen helfen dir dabei. Hier die Fragen zu Abschnitt 1.1:

1. Bist du in einem Hamsterrad und unzufrieden mit deiner jetzigen beruflichen Situation?
2. Welche Entscheidungen haben dich dorthin gebracht, wo du jetzt bist, und welche davon möchtest du überdenken?
3. Denkst du, dass es kein Zurück gibt und dass du nicht einfach etwas völlig anderes tun kannst?
4. Stellst du dir in deinem beruflichen Alltag öfters die Frage nach dem Sinn und warum du das alles eigentlich auf diese Art machst?
5. Glaubt du, dass jeder Mensch so etwas wie eine Berufung hat?
6. Kennst du deine Berufung?
7. Kannst du dir vorstellen, auch mal mit etwas ganz anderem dein Geld zu verdienen?

1.2 Was ist das eigentlich, ein Blog?

Es gibt Millionen Blogs im Netz, Hunderttausende davon werden regelmäßig gelesen und sind erfolgreich, haben eine treue Leserschaft und zufriedene Stammleser. Blogs bewegen Menschen, motivieren sie, liefern Wissen, machen Türen auf. Was macht aber einen Blog aus? Was unterscheidet den Blog (oder auch das Blog, aber ich bekomme das so nicht über die Lippen) von „normalen" Webseiten?

Die drei E's
Die amerikanischen Kollegen haben dazu drei E's formuliert, die von einem Blog idealerweise komplett erfüllt werden:

Educate
Ein Blog liefert Inhalte, die Menschen Neues erklären, etwa in Form von Tutorials und Schritt-für-Schritt-Anleitungen, und löst damit ein Problem des Lesers.

Entertain
Ein Blog liefert Inhalte, die den Leser unterhalten, amüsieren und auf kurzweilige Art an die oben genannten „Lerninhalte" heranführen. Die Educate-Inhalte sind so verpackt, dass sie leicht, schnell und mit einem Lächeln auf den Lippen konsumiert werden können. Natürlich gibt es auch Blogs, die „nur" mit dem Entertainment-Faktor auskommen. Daraus ein Business zu machen, ist aber um einiges schwieriger.

Enlighten

Ein Blog öffnet die Augen und zugleich auch Türen. Seine Inhalte lassen Leser also nicken oder kopfschütteln, sie rütteln auf, motivieren und verweisen auf neue Aspekte, die den Leser dazu bringen, seinem Leben neue, bessere Elemente hinzuzufügen.

Aber zurück zur Frage: Was ist ein Blog? Die Antwort ist einfach: Ein Blog ist eine Webseite, wie jede andere auch, aber keine statische. Es passiert pausenlos etwas, und regelmäßig erscheinen neue Artikel, Videos oder Fotos. Es gibt also ein paar Fixpunkte, die den Unterschied machen:

Regelmäßig neue Inhalte

Auf einem Blog erscheinen in fixen Abständen neue Inhalte. Ein Blog ist eine Art Magazin. Wie eine Zeitschrift, die du abonnierst und bei der du weißt, dass sie jeden Montag in deinem Briefkasten liegt, erscheinen auch Blogartikel regelmäßig.

In den ersten zwei Jahren meines Blogs MarkusCerenak.com erschien jeden Montag und jeden Freitag, pünktlich zwischen 9 Uhr und 9.15 Uhr , ein neuer Blogartikel. Wie ein Uhrwerk. Mein Blog handelt vom beruflichen Hamsterrad, also von ungeliebten Nine-to-Five-Jobs, und ich wollte meine Leser am Montagmorgen im Hamsterrad empfangen, ihnen Mut geben und sie am Freitag mit neuen Gedanken ins Wochenende begleiten.

Ein wichtiges Element zum Aufbau eines erfolgreichen Blogs ist diese Regelmäßigkeit und Beständigkeit. Ich muss immer lächeln, wenn Blogger sagen: „Ach, ich schreibe, wenn mir danach ist", „Ich schreibe, wenn ich etwas zu sagen habe" etc. Das ist eben nicht regelmäßig. Finde ich spannend – wäre sicher interessant zu sehen, was diese Blogger tun, wenn der Bus nicht kommt, auf den sie jeden Morgen warten. Oder wenn die Tageszeitung heute mal nicht erscheint. Oder wenn der beste Freund einfach nicht zur Verabredung kommt, sondern einen Tag später vor der Tür steht.

Wenn du eine Beziehung zu deinen Lesern aufbauen willst, dann müssen sie sich auf dich verlassen können.

Thema und Nische

Ein Blog widmet sich einem bestimmten Thema. Hier ist ein erheblicher Unterschied zu Online-Magazinen, die einfach virtuelle Zeitschriften sind. Ein Blog befasst sich mit einem sehr spezifischen Themenbereich. Meistens geht diese Spezialisierung noch einen Schritt weiter und nur ein Teilbereich des Themas wird beleuchtet (auch Nische genannt – mehr dazu im Abschnitt 2.2).

Auf den ersten Blick könnte man die Einschränkung auf ein bestimmtes Thema und innerhalb des Themas auf eine noch kleinere Nische für einen Nachteil halten, aber genau das ist die Chance. Denn ein Blog ist keine Webseite, auf der du nach dem Gießkannenprinzip versuchst, irgendwelche Menschen zu erreichen. Ein Blog will nicht die Masse erreichen. Ein Blog will die richtigen Menschen erreichen. Im zweiten Teil dieses Buches, der sich mit der Strategie befasst, widmen wir uns der Nische noch intensiver. Wichtig für dich ist es jetzt erst mal zu wissen, dass eine Nische keine Einschränkung ist, sondern die einzige Chance, zwischen den Millionen anderer Blogs genau die Menschen zu erreichen, denen du mit deinem Blog und auch mit deinem Produkt weiterhelfen kannst.

Die richtigen Menschen erreichen

Holger Grethe von zendepot.de (Seine Success Story findest du im Anschluss an Kapitel 1.3) bloggt nicht über Finanzen (ein Thema). Er bloggt im Bereich Finanzen auch nicht über die Börse. Er bloggt im Bereich Börse auch nicht über Aktien. Er bloggt über „Vermögen bilden in Eigenregie", wie er es nennt. Sein Werkzeug dafür ist das sogenannte „passive Investieren" mit ETFs, einem kleinen Teilbereich innerhalb der oben angeführten Themenbereiche. Mit dieser Nische hat er es geschafft, im deutschsprachigen Raum einer der anerkanntesten, größten und vermutlich bestverdienenden „Finanzblogger" zu werden, obwohl sein Fokus nur auf diesen sehr kleinen Teilbereich gerichtet ist.

Eine Person, die dahintersteht

Okay, hier scheiden sich die Geister. An diesem Punkt wird klar, dass es beim Bloggen verschiedene Formen gibt. In diesem Buch sprechen wir von einem Personality Blog, der von einem einzigen Menschen gegründet und betrieben wird. Denn ein erheblicher Faktor ist die Beziehung zwischen den Lesern (und potenziellen Kunden) und der Person, die hinter dem Blog steht.

Persönlichkeit schafft Vertrauen

Die US-Kollegen würden es „Trust Building" – also Vertrauensaufbau – nennen. Meine Art des Bloggens setzt genau das voraus. Menschen lesen Blogs gerne, weil sie die Art und Weise mögen, wie die Person, die den Blog schreibt, die Dinge sieht. Es geht also nicht allein um den Inhalt, sondern auch um die Persönlichkeit des Bloggers, um seinen Bezug zum Inhalt.

Das ist auch der Unterschied zum sogenannten Corporate Blog, mit dem große Unternehmen die Nähe zu ihren Kunden über einen Blog suchen. Bei Corporate Blogs sind das Branding, das Produkt und das Unternehmen ein wichtigerer Faktor als der Autor oder Betreiber des Blogs.

Karin Wess bloggt auf KarinWess.com über Marketing und Motivation für Einzelunternehmerinnen. Damit ist sie in einer Nische unterwegs, die durchaus auch viele Kollegen bedienen. Ihre Leserinnen wollen aber nicht irgendwelche Marketing-Strategien lernen, sondern sie wollen Karins Marketing-Strategien lernen, sie wollen die Art und Weise, wie Karin ihren Erfolg gefunden hat,

und den ganz persönlichen Stempel, den Karin den „normalen"
Marketing-Themen aufdrückt. Die Persönlichkeit ist also ein wichtiger Faktor für einen erfolgreichen Blog. Mehr dazu, wie du diesen Faktor nutzt und Personal Branding gekonnt einsetzt, erfährst
du in Kapitel 2.4.

Kostenloser Content

Die Artikel, Videos, Fotos usw., die auf einem Blog erscheinen,
sind kostenlos. Das bedeutet für dich als Blogbetreiber, dass viel
Wissen, Know-how etc. kostenlos an deine Leser weitergegeben
wird und dir zunächst keinen Cent bringt. Das ist erst mal starker Tobak, ich weiß, schließlich entstehen Blogartikel nicht im
Handumdrehen.

Vladislav Melnik von affenblog.de bloggt über professionelles
Bloggen. Auf seinem Blog liefert er kostenloses Wissen rund um
dieses Thema in schier unglaublichem Umfang. Ein paar Jahre davor kannte Vladi niemand. Niemand hätte ihn als Experten wahrgenommen. Niemand hätte ihn für Vorträge gebucht, niemand
hätte sein Buch gekauft, niemand wäre Mitglied in seinem kostenpflichtigen Online-Mitgliederbereich geworden. Der kostenlose Content hat dieses Problem für ihn ganz locker gelöst und ihn
zu einem der führenden deutschsprachigen Experten zum Thema
Bloggen gemacht

Um Vertrauen aufzubauen und um Interessenten, regelmäßige
Leser, Fans und baldige Kunden zu bekommen, ist der kostenlose Content also unabdingbar. Denn diese Inhalte ebnen den Weg
für dich, sie machen dich vom unbekannten Menschen auf irgendeiner Webseite zum bekannten, geliebten, kompetenten und ver-
trauenswürdigen Experten in den Augen deiner Leser. Es ist wie
ein Investment in dein Business. Nur investierst du eben kein Geld,
sondern deine Zeit und einen Teil deines Expertenwissens, quasi als Vorschuss, damit deine Leser und Kunden dir glauben und
vertrauen.

**Ein Investment
in dein Business**

Der Weg vom Leser zum Kunden

Idealerweise gibt es einen Prozess, den der Leser durchläuft: Der Webseitenbesucher kommt mit einer Fragestellung auf die Webseite, findet Artikel oder andere Inhalte, die ihn weiterbringen, wird regelmäßiger Leser und Abonnent des Newsletters, liest mehr Inhalte, macht eine Entwicklung durch, lernt die kostenpflichtigen Inhalte, Dienstleistungen oder physischen Produkte kennen und wird so vom Erstbesucher zum Leser, zum Fan, zum Kunden. Mehr zu diesem Weg oder auch „Funnel", wie er in der Fachsprache bezeichnet wird, in Kapitel 3.5.

Blogübersicht und Archiv

Die Orientierung leicht machen Eine banale technische, aber wichtige Eigenschaft eines Blogs sollte nicht unerwähnt bleiben: Da sich mit der Zeit eine stattliche Anzahl an Artikeln auf einem Blog ansammelt, gibt es ein Archiv, eine Blogübersicht, eine Einteilung in Kategorien und vieles mehr, um es den Besuchern und Lesern leichter zu machen, das Richtige zu finden.

Wir sind nun einen wichtigen Schritt weiter, und vermutlich weißt du nach diesem Kapitel bereits mehr über Blogs und was sie ausmacht als 80 Prozent deiner Mitmenschen. Im nächsten Schritt geht es um folgende durchaus berechtigte Frage: „Was bringt mir das Bloggen eigentlich? Lohnt sich der ganze Aufwand denn?"

· ·

Aufgaben

Nun geht es darum, einen Schritt in die Welt der Blogger zu machen. Die folgenden Fragen und Aufgaben helfen dir dabei, auch wenn du von dem Ganzen noch gar keine Ahnung hast. (Du erinnerst dich an die Einleitung? Das ist sogar ein idealer Ausgangspunkt!) Auch hier bitte ich dich wieder, dir ausreichend Notizen zu machen, damit langsam, aber sicher ein Gesamtbild entstehen kann.

1. Wenn du bereits Blogs liest, mache eine Liste deiner Lieblings-blogs.

2. Wenn du noch keine Blogs liest, dann recherchiere nach Blogs, deren Themen dich interessieren (erstmal losgelöst davon, ob du auch in diese Richtung gehen willst).

3. Analysiere die Blogs nach folgenden Kriterien:
   - Hobby-Blog oder Blogbusiness?
   - die sechs Faktoren (Regelmäßigkeit, Nische, Person dahinter, kostenloser Content, Weg, Übersicht)
   - die drei E's (Educate, Entertain, Enlighten)
   - Was spricht dich an diesen Blogs an? (Look-and-feel, Inhalt, Person dahinter etc.)
   - Was liefern diese Blogs zusätzlich zu den kostenlosen Artikeln noch?

1.3 Was dir Bloggen bringt

Nachdem dir nun klar geworden ist, was einen Blog ausmacht, was die Unterschiede zu „normalen" Webseiten sind und welche Elemente einen Blog so besonders machen, beantworten wir als Nächstes die Frage, was Bloggen dir ganz persönlich bringt. Und zwar unabhängig davon, ob du einen Blog startest, um dein Hamsterrad zu verlassen und dich selbstständig zu machen, oder ob du dein bereits bestehendes Offline-Business mit einer Online-Säule ergänzen und dadurch ein Stück weit unabhängiger werden willst.

Vielleicht verdeutlicht die folgende Gegenüberstellung, worum es geht. Angenommen du bist beispielsweise Coach oder Trainer und möchtest mit deiner Webseite deine Workshops oder Einzelsitzungen verkaufen ...

Du verstehst jetzt bereits, dass es bei Weitem einfacher ist, mit dem über einen Blog selbst aufgebauten Expertenstatus deine Produkte oder Dienstleistungen zu verkaufen. Du brauchst nämlich niemanden mehr zu überzeugen. Dein Publikum kennt deine Kompetenz bereits. Das kann also ein Blog alles für dich tun:

Bekanntheit und Reichweite

Wenn du nicht mit Zigtausenden Euro Werbebudget um dich wirfst, ist ein Blog das perfekte Mittel, um online Verbreitung und Bekanntheit zu erreichen. Ich startete mit MarkusCerenak.com im Januar 2013 und hatte sechs Monate später rund 10 000 Besucher und ein Ende des Wachstums ist nicht in Sicht. Diesen Job hat der Blog übernommen.

Webseite ohne Blog	Webseite mit Blog
Du lässt dir eine schöne Webseite programmieren, schreibst Texte, machst Fotos, legst deine Preise fest, lässt ein wenig Suchmaschinenoptimierung machen, verbreitest deine Inhalte via Social Media, schaltest Google Adwords etc. Du machst alles richtig wie nach Lehrbuch. Aber irgendwie kommen keine Besucher auf deine Webseite oder sie kaufen nicht, klicken nicht dorthin, wo sie es sollen, und sind dann wieder weg – für immer. Es könnte daran liegen, dass sie dich nicht kennen. Du bist online einfach „irgendwer". Und nicht nur, dass sie dich nicht kennen, sie glauben dir auch nicht, dass du ihr Problem lösen kannst. Sie haben keinerlei Vertrauen in dich und deine Dienstleistung. Denn hübsche Texte kann jeder schreiben (lassen). Versetze dich in die Lage deiner potenziellen Kunden: Du kommst auf eine wildfremde Webseite, wo dir jemand tausend Dinge verspricht. Glaubst du das? Buchst du? Kaufst du?	Du machst dir klar, was deine Kernaussagen sind, was dein Publikum braucht, und du weißt, dass du dazu viel zu sagen hast und die Probleme deiner Leser damit lösen kannst. Du beginnst, regelmäßig Artikel zu schreiben, die einen wirklichen Nutzen haben für deine Leser. Bereits nach kurzer Zeit passiert etwas Spannendes: Menschen beginnen zu verstehen, was du tust. Sie lesen deine Artikel, sie kommentieren sie, sie teilen sie auf Social Media. Sie lernen dich und dein Business kennen. Sie verstehen, was du machst, wofür du stehst und vor allem, dass du in diesem ganz bestimmten Bereich wirklich etwas zu sagen hast. Deine Leser beginnen, Vertrauen aufzubauen, und sind bald auch Kunden. Du behauptest nicht „Ich kann das für dich tun", sondern du tust es. Regelmäßig. Mit jedem einzelnen Artikel.

Zurück zu Bekanntheit und Reichweite: Beides wurde nicht mit großen Werbebudgets erreicht, sondern durch die virale Verbreitung, die gut geschriebene Blogartikel und ein konsequent betriebener Blog nach sich ziehen. Große Unternehmen betreiben extrem großen Aufwand (Zeit & Geld), um ähnliche Reichweiten mit ihren statischen Webseiten zu erreichen.

Virale Verbreitung

Auch wenn das Web bereits voll ist mit Inhalten, kann es ein Blog noch am leichtesten bewerkstelligen, viele Menschen in kurzer Zeit zu erreichen. Die sechs Success Stories in diesem Buch belegen dies eindrucksvoll. (Übrigens: Wie du neue und viele Besucher, also sogenannten „Traffic", für deinen Blog generierst, erfährst du im Kapitel 3.3.)

Image

Ein Blog ist ein Garant dafür, sich auf schnellstmögliche Art und Weise ein Image und einen Expertenstatus aufzubauen. Deswegen nenne ich meinen Blog auch meine eigene, ganz persönliche Werbeagentur. Die heutige Zeit ist schnelllebig, die Inhalte prasseln per Facebook, Twitter, E-Mail, WhatsApp, SMS und durch die alten, klassischen Medien (Radio, TV, Print) auf uns ein. Für ein Small Business ist es daher nicht so leicht, sich zu positionieren, sich ein Image aufzubauen und Status zu erlangen.

Ben Paul hat das mit seinem Blog Anti-Uni.com im Handumdrehen geschafft. Er kritisiert das universitäre Bildungssystem, liefert alternative Ansätze zum Thema Bildung und nennt das „Education Hacking". Kurz nach seinem Blogstart wurden klassische Medien wie Zeit Online, Spiegel Online, Tagesspiegel, WDR etc. auf ihn aufmerksam. Er wurde als „bekanntester Studienabbrecher Deutschlands" bezeichnet. Seine Bekanntheit wuchs, die Zahl seiner Webseitenbesucher stieg rapide, er wurde als Speaker gebucht, hat an Büchern mitgewirkt und vieles mehr. Und all das hat ein Blog losgetreten. Ben ist dadurch imstande, sich zu entscheiden, wohin es ihn selbst beruflich treibt.

Interessenten und Kunden

Verbreitung, Image etc. sind schön und gut, aber bezahlen natürlich nicht die Miete. Ein Blog führt – wenn er strategisch aufgebaut wird – allerdings auch dazu, dass Leser zu Interessenten und Kunden werden. Denn der „normale Verkaufsprozess" findet auf anderer Ebene statt, nämlich subtiler, einfach und mit weniger Druck. Der Übergang vom regelmäßigen Leser zum Kunden geschieht fast von allein, auf natürliche Art, es ist der nächste Schritt, den der Leser auf seinem Weg geht.

Der Content verkauft Mark Maslow von Marathon-Fitness.de ist ein perfektes Beispiel dafür. Sein Blog liefert alles rund um das Thema Fitness, aber nicht in oberflächlicher Muckibuden-Manier, sondern wissenschaftlich fundiert und gleichzeitig unterhaltsam. Es ist fast selbstverständlich, dass die Anfragen an Mark als Personal Coach nach oben schießen, weil seine Leser ihn lieben. Er muss nicht verkaufen, das tut sein Content für ihn. Er muss nicht nach draußen rufen: „Buche mich, buche mich!" Es geschieht eher anders herum, da der Blog rund um die Uhr Beweise dafür liefert, dass Mark genau der richtige Fitness-Coach ist. Wer begeistert seine Inhalte liest und dadurch vorwärtskommt, möchte dann auch seine kostenpflichtigen Produkte nutzen. Die Schwelle vom Leser zum Kunden ist niedrig, die Motivation und das Vertrauen auf Seiten des Lesers groß.

Türen öffnen

Wie schon anhand der Beispiele Ben Paul, Vladislav Melnik und meines eigenen Blogs beschrieben, kann ein Blog Türen öffnen, die ein paar Monate zuvor noch fest verschlossen waren. Wichtig ist es daher, stets die Augen offen zu behalten und flexibel zu reagieren, wenn sich durch die oben genannten Faktoren Möglichkeiten ergeben, an die du vielleicht noch gar nicht gedacht hast.

Thomas Mangold schreibt einen Blog über Selbstmanagement und hat im Zuge dessen das Online-Werkzeug „Evernote" für sich entdeckt. Evernote ist eine Art Online-Notizbuch, mit dem du dein gesamtes Leben (Business, Privat, Finanzen, Reisen, tägliche Aufgaben, Projektplanung etc.) managen kannst. Nachdem Thomas eine Reihe von Artikeln über Evernote verfasst und erklärt hatte, wie er Evernote einsetzt, war das Feedback seiner Leser großartig. Er beschloss, ein Kindle-Buch über Evernote zu schreiben, und wurde im Handumdrehen zu dem Evernote-Experten im deutschsprachigen Raum. Damit nicht genug: Als der ehemalige Evernote-CEO zu einer Tagung in Wien war, wurde Thomas vom Evernote-Headquarter sogar eingeladen, den CEO kennenzulernen. Eine rasante Entwicklung, die ohne seinen Blog völlig undenkbar gewesen wäre.

Ein eigenständiges Business

Vom Blog zum stabilen Business

Obwohl immer wieder gepredigt wird, dass ein Blog allein kein Business darstellt, kann sich jedoch aus einem Blog mit dem richtigen Businessmodell (mehr dazu in Abschnitt 2.1) ein veritables und stabiles Business entwickeln. Als mein Blog im Jahr 2013 startete, stand zwar auf meiner Agenda, irgendwann einmal von digitalen Produkten (Online-Kurse, E-Books, Hörbücher etc.), die über meinen Blog verkauft werden, zu leben, aber es war so gar nicht klar, wie das funktionieren sollte.

Nachdem ich innerhalb von kürzester Zeit eine große Leserschaft aufgebaut hatte, kamen die ersten Fragen, wie ich das zustande gebracht hätte. Plötzlich war die Möglichkeit da, dieses Wissen in Form von Coachings weiterzugeben, und auch die Idee für meinen ersten Online-Kurs zum Thema Bloggen entstand. Der Coaching-Gedanke gefiel mir von Anfang an, und so erweiterte ich meine Beratung in Richtung „Marketing", „Positionierung", aber auch das „Finden der eigenen Berufung" war Thema. Ich erkannte, dass sich in den Beratungen bestimmte Inhalte immer wiederholten, und ich fasste den Entschluss, den einen oder anderen Online-Kurs zu gestalten.

Drei Jahre später ist daraus ein großer kostenpflichtiger Mitgliederbereich zu den verschiedensten Themenbereichen geworden, und das Verkaufen dieser digitalen Produkte finanziert mein gesamtes Leben. Aus meinem Blog hat sich ein komplett eigenständiges Business entwickelt, mit dem ich mittlerweile erheblich mehr Geld verdiene als in allen meinen vorherigen „ordentlichen und seriösen" Angestellten-Jobs.

Aufgaben

1. Was möchtest du mit Bloggen erreichen? Gehe noch einmal kurz durch, was ein Blog für dich tun kann, und überlege dir ein paar mögliche Ziele, die dein Blog für dich erreichen soll.
2. Analysiere deine Lieblingsblogs in Hinblick auf ihre jeweilige Ausrichtung, erkenne also, welche Ziele diese Blogs verfolgen und wie sie dies bewerkstelligen.
3. Benenne im Detail die Ziele deines Blogbusiness. Beschreibe auf rund einer Seite, was dein Blog genau für dich, dein Leben, dein Business etc. tun kann, wie er dir behilflich sein kann, deiner Berufung näher zu kommen. Da deine Vorstellung von dem, was dein Blogbusiness werden könnte, vielleicht noch sehr unkonkret ist, sei durchaus ein wenig träumerisch und unrealistisch und übertreibe ruhig bei deinen Wünschen. (Das tut manchmal gut!)

Success Story 1: Vom OP-Tisch an die Börse
(HOLGER GRETHE, ZENDEPOT.DE)

Einer der vielen Kurse rund um Bloggen und Online-Marketing, die ich absolvierte, kurz bevor mein Blog Anfang 2013 online ging, war das US-Portal „Fizzle.co". Dort ist auch eine Plattform integriert, auf der sich Blogger und Online-Selbstständige austauschen können. Ich selbst bin kein großer Freund von Portalen, Foren und Ähnlichem, aber ich meldete mich an und stellte mich vor. Ich rechnete nicht damit, dass es auch noch andere deutschsprachige Mitglieder gab. Doch es gab einen: einen gewissen Holger Grethe mit seinem Projekt „zendepot.de". Anfänglich beschnupperten wir uns ein wenig misstrauisch und dachten wohl beide: „Hm, ein Ösi und ein Piefke in einem US-Blogging-Portal? Mehr als freundliches Geplauder wird das nicht werden." Hinzu kam, dass wir beide die Themen des jeweils anderen gelinde gesagt doof fanden: „Hamsterrad verlassen und Berufung finden? Viel Spaß damit", dachte sich Holger stirnrunzelnd. „Vermögen bilden mit ETFs? ETFs? WTF?", war mein erster Gedanke. Keiner glaubte so recht an den Erfolg des anderen, aber beide glaubten an den eigenen. Mit dem Erfolg des anderen haben wir uns geirrt. Und auch mit dem „freundlichen Geplauder", denn beide Projekte laufen großartig und wir sind gute Freunde geworden.

Holger Grethe ist Arzt, genauer gesagt Anästhesist. Ein krisensicherer und gut bezahlter Job. Doch bald nach dem Studium begann es bei Holger ein wenig zu brodeln und irgendwie wurde ihm klar, dass die Medizin nicht alles für ihn ist.

Dabei lief alles großartig. Als Freelancer wurde er von Krankenhäusern auf Zeit gebucht und sehr gut bezahlt. Also selbstständig und frei. Nicht an eine Praxis oder eine bestimmte Klinik gebunden. Ein Ärzteengpass machte diese Situation möglich und gleichzeitig für ihn sehr lukrativ. Schnell wurde Holger aber klar, dass dies nicht die Art von Selbstständigkeit war, die ihm immer schon vorschwebte. Er verdiente zwar außerordentlich gut, aber er konnte sich kein Fundament schaffen.

Er verspürte in sich einen starken Drang, sein eigener Chef zu sein und damit etwas aufzubauen, das Bestand hat. Also gründete er eine eigene Praxis oder besser Agentur für Anästhesisten. Auch das lief gut. Aber es fehlte ihm noch immer etwas: die Kreativität.

Schon während des Studiums wurde Holger klar, dass die Medizin vieles ist, aber nicht kreativ. Das Studium war kein Zuckerschlecken und die erste Zeit in den Krankenhäusern ebenso wenig. Holger lernte Disziplin und Durchhaltevermögen, aber er erkannte auch, dass er als kreativer Mensch vermutlich nicht als Mediziner in den Ruhestand treten würde. Aber was stattdessen tun?

Holger fasste einen Entschluss: weniger arbeiten und sich weiterbilden. Das klingt jetzt so unglaublich banal, aber er machte Nägel mit Köpfen. Er reduzierte seine Arbeitszeit und somit auch sein monatliches Einkommen um 30 Prozent, um in der Zeit, die ihm dadurch geschenkt wurde, zu lesen. Und zwar die gesamte Bandbreite: von Politik bis Kultur, von Finanzen bis Persönlichkeitsentwicklung, von Marketing bis Webdesign. Einfach alles, bei dem er das Gefühl hatte, „zu wenig" zu wissen.

1. Warum? Erfolgreiches Bloggen beginnt im Kopf

Dazu muss man sagen: Holger ist Familienvater. Das bedeutet, dass die Entscheidung, „einfach weniger verdienen" und „mal ein wenig zu lesen" sicher nicht leichtfertig übers Knie gebrochen war und schon gar nicht alleine getroffen wurde. Holger und seiner Frau war jedoch klar, dass der Weg, den Holger begonnen hatte, ihn nicht dauerhaft glücklich machen würde, daher waren sie bereit zu diesem mutigen Schritt. Was aber das Lesen bringen sollte, war keineswegs von vornherein klar.

Es brachte in erster Instanz eines: Es war ein Schritt raus aus dem täglichen Hamsterrad und bot Holger die Möglichkeit, neue Aspekte in sein Leben zu lassen. Aspekte, die er als gutverdienender, aber über wenig Zeit verfügender Arzt niemals entdeckt hätte.

Irgendwie stolperte Holger (er vermutet, dass der Einfluss des Klassikers „Die 4-Stunden-Woche" von Tim Ferriss dabei eine Rolle spielte) über das Phänomen „Bloggen". Langsam, aber mit zunehmender Regelmäßigkeit besuchte er amerikanische Blogs wie z. B. Think Traffic (heute Sparkline.co) von Corbett Barr, und die Idee, ein Online-Business mithilfe eines Blogs aufzubauen, interessierte ihn. Bedenken wie „Ist das seriös?", „Stimmt das, was die Amis da behaupten?" oder „Geht das bei uns in Deutschland auch?" hielten ihn nicht davon ab, dieses Geschäftsmodell (Blog aufbauen, Expertenstatus erreichen, digitale Produkte verkaufen) ernsthaft in Erwägung zu ziehen.

Nur was könnte das Thema sein? Über Medizin zu bloggen konnte er sich nicht vorstellen. Er konnte sich einfach nicht vorstellen, dass daraus ein lukratives Business entstehen könnte. Das Innehalten und der Schritt aus dem Hamsterrad brachten Holger aber auch dazu, über den Tellerrand zu schauen: Als Freelancer-Arzt hatte er viel Geld verdient und sich deshalb mit allen möglichen Anlegetechniken und -formen beschäftigt. Er hatte die Frage der Geldanlage für sich und für seine Familie gelöst und merkte schnell, dass es in seinem Umfeld de facto nur Menschen gab, die keinerlei Ahnung vom Geldanlegen hatten. Seine Technik (passives Investieren mit ETFs) war den meisten Menschen sogar völlig unbekannt.

Das Thema und die Nische für seinen späteren Blog „zendepot.de" waren definiert. Und in dieser Situation konnte Holger nun seine im Studium erlernte Geduld und Selbstdisziplin sinnvoll einsetzen: Er ging sehr strategisch vor. Rund ein halbes Jahr lang ließ er sich Zeit, um den Blog zu planen, zu positionieren, seine Zielgruppe zu definieren und auch gleich das digitale Produkt zu konzeptionieren, das die finanzielle Unabhängigkeit schaffen sollte.

Geduld und Durchhaltevermögen waren notwendig. Der Blog entwickelte sich langsam, aber stetig. Es war definitiv nicht sofort klar, dass das Konzept aufgehen würde. Holgers Strategie ist nach wie vor das stetige und regelmäßige Veröffentlichen von herausragenden Artikeln. Umfangreich und detailliert, mit viel Liebe recherchiert. Also eine ganze Menge kostenloser Nutzen und wertvolle Informationen für seine Leser.

Nach rund sechs Monaten informierte Holger seine Leserschaft, dass er an einem kostenpflichtigen Online-Kurs arbeitete. Das Interesse war da, und der Kurs wurde schnell zu einer wichtigen Einkommensquelle.

Der Blog zendepot.de hat Holger Grethe nicht nur zu einem anerkannten Finanzexperten und einem der führenden Finanzblogger im deutschsprachigen Raum gemacht, sondern ihn auch weitgehend vom „Doktor spielen", wie er es selbst manchmal scherzhaft nennt, befreit. Die monatlichen Einkünfte aus den Online-Projekten sind stabil. Er kann nun völlig frei bestimmen, welche Aufträge er als Arzt übernimmt. Und das mit einem Blog über WTF … äh … ETFs.

1.4 Hamsterrad-Exit oder Businesskick?

Bereits die ersten Beispiele in den vorangegangenen Kapiteln haben dir gezeigt: Es gibt kaum ein Business, dass nicht von einem gut gemachten Blog profitiert. Da es aber verschiedene Arten des Bloggens gibt, konzentrieren wir uns darauf, für wen ein Personality Blog das Richtige ist. Zwei große Gruppen profitieren besonders von dieser Art des erfolgreichen Bloggens: diejenigen, die einen Ausweg aus dem Hamsterrad suchen, und die, die bereits ein Offline-Business betreiben und es nun online voranbringen wollen.

Sich mit einem Blog selbstständig machen

Mein Blogprojekt MarkusCerenak.com widmet sich dem Ausstieg aus dem beruflichen Hamsterrad, dem Finden der eigenen Berufung und Leidenschaft und dem Aufbau eines erfolgreichen Lifestyle Business. Ein Blog hat nicht nur mir den Weg in die Selbstständigkeit geebnet, sondern vielen anderen Kollegen auch. Ein Blog kann neben dem Brotberuf aufgebaut werden, die Schwelle zum Starten ist niedrig.

Jederzeit loslegen

Leider gibt es noch immer eine Menge Missverständnisse, wenn es um Selbstständigkeit geht. Tief in uns drin sitzen noch die Vorstellungen aus den 70er- und 80er-Jahren darüber, was es bedeutet, sich selbstständig zu machen, und was dies alles mit sich bringen muss. Wenn du an „selbstständig sein" denkst, hast du ein bestimmtes Bild im Kopf. Du denkst vermutlich an den Bäcker um die Ecke, an die kleine Autowerkstatt oder deinen Lieblingsfriseur. Oder du denkst an die unzähligen Erfolgsstorys von Familienunternehmen, die du irgendwo aufgeschnappt hast, in denen über Generationen hinweg hart gearbeitet wurde, um etwas aufzubauen.

Du denkst vermutlich auch an die Statistiken, die uns die Medien immer wieder vor die Nase halten und die zeigen, dass die Selbstständigkeit mit vielen, vielen Hürden verbunden ist, dass so unglaublich viele Selbstständige scheitern. Seit der Mitte des letzten Jahrhunderts wurde ein Image der Selbstständigkeit aufgebaut, das mit vielen Klischees behaftet und längst nicht mehr zeitgemäß ist. Aber auch das Bild vom Angestellten-Dasein ist veraltet. Dazu nur ein Stichwort: Mythos Sicherheit. Wer heute glaubt, seine Anstellung biete mehr Sicherheit als ein Leben als Freelancer oder klassischer Selbstständiger, der irrt sich.

Eines steht fest: Es gibt zwischen der klassischen Festanstellung und dem klassischen Selbstständigen auch noch eine weitere Alternative, und zwar den Weg all der Menschen, die mit ihrem Kopf und einem Notebook ausgestattet ihr komplettes Business (also ein Blogbusiness) betreiben. Und das sind mittlerweile schon recht viele. Um gleich den ein oder anderen kritischen Einwand vorwegzunehmen: Natürlich ist dieser Weg nicht in jeder Branche und nicht für jeden Menschen das Richtige. Aber viele Trends hinsichtlich einer neuen Art zu arbeiten zeigen auf, dass hier noch sehr viel Luft nach oben ist. Es ist schlicht und ergreifend eine Frage der richtigen Einstellung.

Es geht darum, dass du den Gedanken zulässt, dass es möglich ist, mit dem, was du gerne tust, auch dein Leben zu finanzieren. Losgelöst von festen Arbeitszeiten und Büroräumen. Um noch ein wenig klarer zu machen, wie eine solche Selbstständigkeit aussieht, dazu eine kleine Gegenüberstellung:

Was du für ein Blogbusiness nicht brauchst:

Investition/Startbudget: Mein Business funktioniert mit dem, was ich im Kopf habe, und mit meinem MacBook. Neben dem Hauptwerkzeug (also einem Laptop oder Desktop-Computer) brauchst du eine Handvoll Online-Tools und ein wenig Investment in deine Weiterbildung, um mit diesen Tools umgehen zu können. Keine Kredite, keine Förderungen, keine Schulden. Die Schwelle ist dermaßen niedrig, dass es mich Tag für Tag erstaunt, wie wenige Menschen das angehen. In unseren europäischen Köpfen muss die diesbezügliche Unsicherheit wirklich sehr tief eingepflanzt sein.

Marktlücke/einzigartige Idee: Eine Idee ist nichts wert, solange sie nicht umgesetzt wird. Daher ist das Thema „Marktlücke" oder „originelle Idee" sehr überbewertet. Denn eine Marktlücke garantiert keinen Erfolg. Aber auch andersherum gilt: Es soll schon Projekte gegeben haben, die auf Ideen basierten, die es schon gab, und die trotzdem erfolgreich waren. (Sonst dürfte niemand mehr ein neues Restaurant eröffnen, denn die Idee ist ja schon weg.) Es geht nämlich nicht darum, was du tust, ob du der/die Erste bist oder eine echte Marktlücke entdeckt hast, sondern darum, wie du etwas umsetzt. Wer darauf wartet, die zündende Idee zu haben oder etwas völlig Neues zu finden, wartet vermutlich bis zur Rente.

Risiko eingehen: Da du nicht mit viel Kapital um dich wirfst und keine großen Investitionen für dein Business brauchst, hält sich das Risiko im Vergleich zum klassischen Selbstständigen in Grenzen. Viele Risikofaktoren wie z. B. Haftungen, Garantien, hohe Personalkosten unabhängig vom Umsatz oder die Abhängigkeit von anderen Märkten und deren Preispolitik (Rohstoffe) existieren für dich einfach nicht.

Selbst und ständig arbeiten: Irgendwer hat mal dieses dumme Sprichwort kreiert, als Selbstständiger arbeite man „selbst und ständig". Das hat damit zu tun, dass viele denken, man müsse alles selbst machen. Als Selbstständiger müsse man Buchhaltung, Marketing, Logistik, Personalverwaltung, Technik etc. im kleinen Finger haben. Das ist aber ein Irrtum. Ich habe z. B. von Anfang an Dinge ausgelagert, die nicht meinen Kernkompetenzen entsprechen und die andere besser, schneller und (wenn man Aufwand und Ertrag gegenrechnet) auch viel günstiger erledigen können.

☹ **Räumlichkeiten:** Das Anmieten von Büros, Lagerräumen und einem Unternehmenssitz mit allen Nebenkosten ist nicht notwendig. Entweder du arbeitest zu Hause oder in einem Coworking Space (dort mietest du dir einen Arbeitsplatz für ein paar Euro am Tag, und zwar dann, wenn du ihn brauchst). Keine Mietkosten, keine Instandhaltungskosten, keine Reinigungskosten, kein Investment in Infrastruktur etc.

☹ **Angestellte:** Anfänglich ziehst du dein Ding allein durch und lagerst, wie erwähnt, die eine oder andere Tätigkeit aus. Wenn notwendig, suchst du dir virtuelle Assistenten oder Freelancer, die Teilbereiche deiner Projekte übernehmen. Die Vorteile liegen auf der Hand.

Was du stattdessen brauchst:

☺ **Leidenschaft:** Ich interviewe für meinen Podcast seit fast drei Jahren Menschen, die mit Bloggen und Ähnlichem erfolgreich sind, und es gibt eine Botschaft: Ohne Leidenschaft geht es nicht. Punkt. Aus. Fertig. Wenn du nicht brennst für das, was du tust, bist du nicht gut, und dein Job wird zur Qual. Weißt du aber, was du tun möchtest, was deine Leidenschaft ist, und sagst zu dir jeden Morgen beim Aufstehen: „Ich kann kaum erwarten, dass es losgeht!", dann wirst du erfolgreich sein. Leidenschaft ist ein Garant für Zufriedenheit, der dich auf Kurs bringt und dort auch hält.

☺ **Selbstdisziplin:** Dazu braucht es eigentlich nur zwei Dinge: zum einen den ersten Schritt zu machen, also ins Tun zu kommen. Das klingt banal, ist aber die größte Hürde. Viele Menschen haben seit Jahren die Exitstrategie im Kopf und warten auf den richtigen Zeitpunkt, der nie kommt. Die Hürde des ersten Schrittes scheint so groß, weil wir zum Perfektionismus tendieren und uns deshalb stets denken: „noch nicht ..."

Zum anderen gehört zur Selbstdisziplin das Dranbleiben, das Durchbeißen, das Aufstehen nach einer Niederlage. Es wird Situationen und Zeiten geben, da bläst dir der Wind eiskalt ins Gesicht. Da geht es dann darum, den Mantelkragen hochzuklappen, die Zähne zusammenzubeißen und weiterzugehen, bis der Wind nachlässt und die Sonne wieder scheint. Es gibt nämlich kein Scheitern, sondern nur ein „Zu-früh-Aufhören".

☺ **Hausverstand:** Unzählige Interviews zeigen, dass ein Wirtschaftsstudium oder Ähnliches beim „Selbstständig-Machen" eher hinderlich ist. (Wer das nicht glaubt, dem sei das Buch *Kopf schlägt Kapital* von Prof. Faltin empfohlen.) Versteh mich nicht falsch, natürlich sind Zahlen wichtig. Sogar ein Zahlen-Ignorant wie ich darf das immer wieder feststellen, aber dafür ist kein Hochschulabschluss nötig. Informiere dich über die Situation in deinem Land, was Steuern und Sozialversicherungen betrifft, und haushalte vernünftig mit deinem Geld. Für alle weiteren unternehmerischen Entscheidungen brauchst du gesunden Menschenverstand oder „Hausverstand", wie wir in Österreich sagen, und vor allem Bauchgefühl. Wenn du auf die eigene Intuition hörst, wirst du nicht nur in deinem Tun authentisch sein, sondern auch Entscheidungen treffen, die sich für dich und deine Kunden gut anfühlen. Denn wie schon erwähnt: Für ein Blogbusiness jonglierst du nicht viel mit Zahlen. Und schon gar nicht mit großen.

☺ **Interesse & Neugierde:** Viele schreckt der Gedanke ab, allein mit der Technik, mit einem Notebook und mit dem Internet und all seinen Tools, ein Business zu bestreiten. Und anfänglich scheinen die technischen Hürden groß und das Know-how, das nötig ist, unüberschaubar. Als ich mit meinem Blog begonnen habe, hatte ich auch zunächst recht wenig Ahnung von Webseiten machen, digitalen Produkten, Podcasts produzieren, Videos schneiden, Sales-Funnel-Strategien, E-Mail-Marketing-Tools und vielem mehr. Es hat sich bei mir entwickelt. Ich wollte einen Podcast machen, also habe ich mir E-Kurse und E-Books zu diesem Thema gekauft. Ich wollte Videos produzieren, also kaufte ich mir die Software und machte Online-Kurse dazu. Du musst nicht alles von heute auf morgen wissen und können. Deine Leidenschaft und die Neugierde gegenüber Neuem helfen dir dabei, Schritt für Schritt all die Fähigkeiten zu entwickeln, die du brauchst.

Und das Schöne ist: All das kann dir niemand wegnehmen, das kann nicht wegrationalisiert oder umstrukturiert werden. Das Ganze ist ein Investment in dich. Und das bleibt dir!

Ganz ohne Risiko!

Du musst nicht sofort deinen Job kündigen und alles über Bord werfen. Du kannst Dein Blogbusiness auch nebenberuflich angehen. Kein Risiko, kein Geld verbrennen, kein Verlust an Lebensqualität, kein Gesichtsverlust, wenn du es dir doch anders überlegst. Und damit auch keine Ausrede, nicht zu starten.

Wenn du nebenberuflich mit dem Bloggen startest, kannst du auch herausfinden, ob diese Blog-Sache überhaupt etwas für dich ist. Nicht jeder ist dafür geboren, nicht für jeden ist es die richtige Antwort. Du kannst es austesten, dich reinfühlen und für dich erkennen, ob es „dein Ding" ist.

Bloggen für Einzelunternehmer
mit Offline-Business

Selbstständigkeit ist – wenn sie nicht in Form eines Blogbusiness (auch Online-Business oder auch Lifestyle Business genannt) konzipiert ist, echt harte Arbeit. All das, was auf den letzten Seiten über die alten Vorstellungen über Selbstständigkeit stand, trifft nach wie vor auf die „altmodische" Art der Selbstständigkeit (also offline) zu. Die gute Nachricht ist: Wenn du ein funktionierendes Offline-Business betreibst, kann dir ein Blog und ein dazu konzipiertes Online-Business das Leben erheblich erleichtern.

Ein Blog macht vieles leichter

Ein Freund von mir, Christian Anderl, ist Fotograf, und zwar ein wirklich guter. Die Tore zur internationalen Karriere stehen ihm nicht nur offen, er war bereits auf dem Weg dorthin: Internationale Shootings und das ganze Jetset-Leben waren in greifbarer Nähe. Aber er liebt seinen Job so sehr, dass er nicht alles und jeden für Geld fotografiert. Außerdem ist es ihm wichtig, Zeit mit seiner Frau und seinem Sohn zu verbringen. Er sagte mir: „Ich liebe meinen Job und will entscheiden, wann ich wen und was fotografiere. Aber es wäre gut, ein zweites Standbein zu haben. Etwas, das online läuft, und das nach einer Zeit möglichst von ganz allein."

Christian betrieb bereits einen Blog, aber nicht mit dem Ziel, damit Fotografie-Interessierte anzusprechen, sondern lediglich potenzielle Kunden, die ihn als Fotograf buchen sollten. Wir entwickelten daraufhin gemeinsam den Fotografie-Online-Kurs „Shootcamp", der binnen kürzester Zeit sehr erfolgreich wurde. Nach bereits drei Monaten konnte sich Christian nicht nur seine Jobs als Fotograf aussuchen, sondern sich sogar eine intensive Auszeit gönnen.

<table>
<tr><td>Zweites
Standbein</td><td>Er hat nicht aufgehört, begeisterter Fotograf zu sein, seine Online-Präsenz, der Blog und der Online-Kurs haben ihm nur ein zweites, sehr stabiles finanzielles Standbein geschaffen. Das ermöglicht es ihm jetzt, seine Berufung, nämlich das Fotografieren, wirklich zu leben, indem er entscheiden kann, wann er Ja und wann er Nein sagt. Zugleich kann er mehr Zeit mit seiner Familie verbringen.</td></tr>
</table>

Aufgaben

Die folgenden Fragen helfen dir vermutlich nicht nur, etwas über dein zukünftiges Blogbusiness zu erfahren, sondern auch viel über dich selbst:

1. Bist du eher ein Sicherheitsmensch oder magst du das Risiko?
2. Erhoffst du dir von einem Blog den Ausweg aus der jetzigen Situation oder soll er dein bestehendes Business vorantreiben?
3. Was sind deine Ängste und Zweifel bezüglich einer möglichen Selbstständigkeit mit einem Blog? Mache dir klar, was du alles nicht brauchst, um zu starten.
4. Prüfe deine Einstellung und frage dich, ob ein Blog das Richtige für dich ist, das heißt, frage nach Leidenschaft, Selbstdisziplin, Hausverstand, Interesse und Neugierde.
5. Wenn du bereits ein Business betreibst, definiere die Bereiche, in denen dein Blog eine wichtige Aufgabe übernehmen soll (Bekanntheit, Image, Interessenten, bestehende Kunden binden etc.). Fallen dir spontan Möglichkeiten für digitale Produkte (E-Books & Co.) ein?

1.5 Das Mindset erfolgreicher Blogger

Ich persönlich glaube, dass heute eine bestimmte Einstellung nötig ist, um nicht nur erfolgreich zu bloggen, sondern damit auch etwas zu bewegen. Ein Blog ist etwas ganz Besonderes, weil du damit etwas Bedeutsames tust, für dich und andere, und es macht Spaß, unglaublich viel Spaß. Und, fast hätte ich es vergessen, man kann damit auch gut Geld verdienen. Es folgen ein paar Überzeugungen und grundlegende Eigenschaften, die erfolgreiche Blogger bzw. erfolgreiche Blogs ausmachen:

Erfolgreiche Blogger lösen ein Problem

Wir haben nur zwei Probleme im Leben, auch online. Das klingt jetzt nach einer starken Vereinfachung, und dir werden auf Anhieb viele verschiedene Probleme einfallen, aber ja, diese lassen sich tatsächlich alle auf zwei Probleme reduzieren.

Es gibt nur zwei Probleme: erstens, ich will etwas, was ich nicht habe, und zweitens, ich habe etwas, was ich nicht will.

Denke kurz darüber nach, schau dir unter diesem Blickwinkel mal kleine Alltagsprobleme an oder die großen Hürden des Lebens. Man kann alle Probleme auf diese beiden Grundprobleme zurückführen, und man könnte auch Leidenschaft und Leidensdruck dazu sagen. Menschen gehen online, um sich entweder zu unterhalten, also ihrer Leidenschaft zu frönen, oder sie gehen online, um ein Problem zu lösen, also einen Leidensdruck loszuwerden.

Du musst eine Entscheidung treffen: Ist dein Blog einer, der Leidenschaft entfacht und Menschen irgendwo hinführt, oder ist er ein Blog, der Menschen irgendwo herausholt, ihnen also den Leidensdruck nimmt? Ist es ein „Hin-zu"- oder ein „Weg-von"-Blog? Ein Blog der Leidenschaft oder des Leidensdrucks? Das ist eine wichtige Entscheidung, und alles, was in weiterer Folge kommt, basiert darauf.

Erfolgreiche Blogger besetzen eine klar definierte Nische

Dein Leser muss sofort wissen, worum es genau geht, welches Ziel dein Blog verfolgt und warum er anders ist als die vielen anderen Blogprojekte im Netz. Du musst dich mit deinem Blog in einer klar definierten Nische bewegen. So kannst du deine Leser gut abholen und ihnen das geben, was sie wollen. Wenn du alle erreichen willst, erreichst du niemanden. Schränke deine Zielgruppe bewusst ein, es wird dir helfen, die Leserschaft zu bekommen, die du erreichen willst.

Erfolgreiche Blogs haben ein professionelles, unverwechselbares Look-and-feel

Webseiten müssen heute professionell gestaltet sein. Vorbei sind die Zeiten, als man mit einer selbst gezimmerten Webseite, mit unprofessionellen Fotos und blinkenden Buttons online erfolgreich sein konnte. Passend zu deiner Nische braucht es eine visuelle Umsetzung, eine Welt, in der der Leser sich wohl, ja vielleicht sogar zu Hause fühlt. Vor wenigen Jahren noch hat so etwas viel Geld gekostet, doch – das ist die gute Nachricht – heute muss man für eine professionelle Webseite nicht mal 100 Euro aufwenden (mehr dazu später).

Erfolgreiche Blogger setzen den Content an die erste Stelle

Nichts ist wichtiger als guter Content. Überlege dir bei jedem Artikel, den du schreibst:

- Was ist der Nutzen für meine Leser?
- Wovon können sie profitieren?
- Was bringt sie weiter?

Blogger, die schreiben, was sie gefrühstückt haben, sollten sich nicht wundern, dass ihre Leserzahlen nicht berauschend sind. Liefere einfach jedes Mal das Beste ab, was du zu dem Thema, über das du gerade schreibst, zu bieten hast. Wichtig ist, dass du nie bewusst Inhalte zurückhältst, weil du dir denkst: „Das hebe ich mir für später auf" oder „Das kommt dann ins kostenpflichtige E-Book" oder Ähnliches.

Erfolgreiche Blogs enthalten legendären Content

Was genau der Unterschied zum Punkt davor ist? Ganz einfach: Legendärer Content bringt nicht nur dem Leser etwas, sondern auch dir. Legendärer Content ist dermaßen cool, dass er sich verbreitet wie ein Lauffeuer. Legendärer Content wird geteilt, empfohlen, „gelikt", kommentiert und vieles mehr. Legendärer Content führt dazu, dass sich deine Leser in deinen Newsletter eintragen und von Fans zu Kunden werden. Wie du das hinbekommst? Es gibt zwar kein Patentrezept für legendären Content, aber es gibt ein paar Regeln, die sich als nützlich erwiesen haben. All das wirst du mit mir lernen.

Erfolgreiche Blogs fokussieren sich
auf Newsletter-Abonnenten

Vielleicht hast du dich eben gefragt: Newsletter? Warum sollen sich meine Leser in meinen Newsletter eintragen? Auch wenn du es kaum glauben kannst, weil du täglich unzählige Newsletter bekommst, die du meist ungelesen löschst: Die gute alte E-Mail ist noch immer das effektivste und verlässlichste Online-Marketing-Verkaufstool, sie ist besser als Social Media, Bannerwerbung usw. Nicht umsonst sagen amerikanische Blogger und Online-Marketer: „The money is in the list."

Die „Liste"   „Liste", so bezeichnen Online-Marketer die Gruppe der Menschen, die einen Newsletter abonniert haben. Das heißt, das Potenzial, Geld mit deinem Online-Business zu verdienen, sei es mit dem Blog, einem Shop oder was auch immer, liegt in deiner Mailingliste (mehr dazu in Abschnitt 3.4).

Erfolgreiche Blogger lesen andere Blogs

Das Lesen von anderen Blogs ist wichtig, und zwar nicht, um Ideen oder Inhalte zu klauen, sondern einfach, um zu erfahren, was die Kollegen so tun. Noch wichtiger: Lese Blogs aus den USA! Die US-Blogger sind echte Vorbilder. Ich persönlich habe sehr viel von ihnen gelernt. Sie machen dort nicht einfach Blogs mit Inhalt. Sie machen Kunstwerke. Schau dir an, was sie tun, wie sie mit ihren Lesern umgehen, wie sie Vertrauen zu ihren Lesern aufbauen und wie viel Stil das alles hat.

Erfolgreiche Blogger stehen stets im Kontakt
mit den Lesern

Als Blogger beantwortest du in der Anfangsphase jede E-Mail, die du von deinen Lesern bekommst, und reagierst auf jeden Kommentar auf deinem Blog bzw. in den Social-Media-Kanälen. Ja, das klingt nach Arbeit, und ja: Je mehr Leser du bekommst (was ja unser Ziel ist), umso mehr Arbeit wird das. Es gibt aber Strategien, um das so einfach wie möglich zu gestalten. Und ich sage es ganz offen: Irgendwann kannst du damit auch wieder aufhören.

Wichtig ist aber, dass du jedem einzelnen Leser das Gefühl gibst, dass du da bist, seine Meinung und Haltung respektierst, darauf reagierst und ihm hilfst. Nur so bauen deine Leser das Vertrauen auf, dass sie von normalen zu begeisterten Lesern und dann zu echten Fans werden lässt. Gib deinen Lesern, was sie verdient haben, und sie werden dir etwas zurückgeben!

Erfolgreiche Blogger denken anders

Unter „anders denken" verstehe ich, dass unsere Blogs kostenlos und werbefrei sind. Was bedeutet das? Kostenlos ist ganz klar: Wir Blogger bereiten Content auf, den wir den Menschen gratis zur Verfügung stellen. Das schließt natürlich nicht aus, dass wir in weiterer Folge, wenn wir ganz genau wissen, welche Wünsche unsere Leser haben und was sie brauchen, das Ganze monetarisieren, indem wir zusätzlich zum Gratis-Content noch kostenpflichtigen Content wie E-Books, E-Kurse oder Videokurse anbieten. Dagegen spricht nichts, der Content auf unserem Blog ist aber grundsätzlich kostenlos.

Ich bin auch überzeugt davon, dass ein Blog werbefrei bleiben sollte. Ich mag einfach keine Bannerfriedhöfe. Ich mag es nicht, wenn ich auf einen Blog komme und dort mit allerlei Zeug „beglückt" werde, obwohl ich doch eigentlich nur eine Antwort auf eine Frage haben möchte. Ich verstehe nicht, warum manche zunächst viel Geld ausgeben und einen Grafiker beauftragen, damit ein Blog ein bestimmtes Look-and-feel hat, nur um ihn dann mit Bannern zuzupflastern, auf die man keinen Einfluss hat, sodass das gesamte Design beim Teufel ist. Noch viel weniger verstehe ich, warum sie erst hart daran arbeiten, dass Menschen auf ihre Seite kommen, wenn sie gleichzeitig mit den Bannern, Google Ad-

Kostenlos
und werbefrei

sense und anderem Schnickschnack dafür sorgen, dass die Menschen die Seite schnell wieder verlassen. Das ergibt für mich keinen Sinn, und deswegen verzichte ich konsequent auf Werbung auf meinen Blogs.

Erfolgreiche Blogger genießen Vertrauen

Was heißt Vertrauen? Zunächst geht es darum, dass ein Blog kein Geschäftsmodell ist. Geld verdienen ist nicht das primäre Ziel. Wer Vertrauen genießt, braucht nicht zu verkaufen. Es geht darum, dass du deinen Lesern klar machst, dass du in ihre Welt einsteigen kannst, dass du ihre Probleme kennst und auch lösen kannst. In der Folge brauchst du kein Hard Selling zu betreiben. Du musst die Menschen nicht überzeugen, dass dein Content gut ist, weil sie es bereits wissen. Deswegen sind viele aufwendige Verkaufsstrategien obsolet, wenn man bereits Vertrauen genießt.

Erfolgreiche Blogger sind beharrlich

Ein Großteil der Blogs scheitert daran, dass die Menschen, die bloggen, zuerst mit wahnsinniger Begeisterung loslegen, dann aber aufhören, wenn sich der Erfolg nicht sofort einstellt. Doch auch wer am Anfang erfolgreich ist, wird irgendwann eine Zeit erleben, in der der Blog eine Zeit lang nicht mehr wächst und die Zahlen der Leser und Newsletter-Abonnenten nicht mehr nach oben schnellen.

Gib nicht auf! In einer solchen Phase gehört es zum Mindset eines erfolgreichen Bloggers, sich durchzubeißen. Denk daran, wie motiviert du warst, als du mit deinem Blog begonnen hast, und halte dich an folgenden Ratschlag, der mir wirklich wichtig ist: Gib unter keinen Umständen auf! Deine Leidenschaft, deine Begeisterung, hat es verdient, dass dein bedeutsamer Blog bestehen bleibt. Dein Blog hat es verdient, auch mal durch eine Talsohle zu wandern. Ich verspreche dir, es wird wieder aufwärtsgehen.

Aufgaben

1. Analysiere die von dir beobachteten Blogs anhand der in diesem
   Kapitel beschriebenen Erfolgsfaktoren: Problemlösung, Nische,
   Look-and-feel, legendärer Content, E-Mail-Marketing, Kontakt zu
   den Lesern, Vertrauen.

   ▦ Schreibe zu jedem Punkt einen kurzen Absatz, in dem du
   erklärst, wie der jeweilige Blogger deiner Meinung nach
   diese Punkte umsetzt.

   ▦ Überlege dir, was du gut findest und was du anders machen
   würdest.

2. Definiere für dich, welche der Punkte aus diesem Kapitel dir
   besonders wichtig sind und wie du dir vorstellen könntest, sie in
   deinem Blog umzusetzen.

3. Beobachte dich dabei, wie du (mit deinem werdenden Blog im
   Hinterkopf) an diese Fragen herangehst. Spürst du Begeisterung?
   Vergisst du die Zeit? Schwelgst du in Fantasien, wie du die ver-
   schiedenen Herausforderungen meistern würdest?

Exkurs 1: Keine Zeit? Schluss mit Ausreden!

„Ich habe keine Zeit" – das kann ich einfach nicht mehr hören. Sorry, ich bin jetzt mal ganz direkt: Dieser Satz verärgert mich. Wir alle tun Tag für Tag Dinge, die wir nicht tun müssen. Somit liegt es allein an uns, Unnützes einfach sein zu lassen und stattdessen etwas anderes zu tun. „Keine Zeit" ist schlichtweg die einfachste Ausrede der Welt. Dagegen habe ich eine Strategie entwickelt:

Die Ein-Stunden-Strategie

Die erste Stunde:
Nimm deinen Kalender zur Hand und mache einen Termin mit dir selbst aus. Jetzt! Er dauert eine Stunde. Du musst dich dafür weder vorbereiten noch einen Meetingraum organisieren oder dich darum kümmern, dass alle Zeit haben. Du hast nun einen Termin mit dir selbst, und der hat höchste Priorität. Das heißt, dass du in dieser Stunde (egal ob am Abend, tagsüber oder am Wochenende) folgende Regeln einhältst:

- Du verschiebst diesen Termin nicht und du hältst die eine Stunde ein.
- Du bist allein und wirst in dieser Stunde garantiert von niemandem gestört.
- Du schaltest dein Handy aus. Nein, nicht auf lautlos, nicht auf „Nicht stören" und nicht auf Flugmodus. Du schaltest es aus!

Ein Vertrag mit dir selbst

Nimm Papier und Bleistift zur Hand und schließe einen Vertrag mit dir selbst, in dem du niederschreibst, was du vorhast: Leidenschaft finden, kündigen, nebenberuflich etwas aufbauen, Hamsterrad verlassen oder was auch immer. Du datierst und unterschreibst diesen Vertrag und legst ihn in deine Dokumentenmappe zu Geburtsurkunde, Zeugnissen usw.

Eine Stunde pro Woche:
Nachdem du die „erste Stunde" erledigt hast, nimmst du deinen Kalender und machst aus dem einen Termin mit dir selbst für den kommenden Monat vier, also einen pro Woche. Die Regeln bezüglich der Störfaktoren gelten auch hier. Die Termine sind fix und werden nicht verschoben oder gekürzt. An diesen vier Terminen

- beantwortest du grundlegende Fragen zu deinem Blogbusiness.
- definierst du deine Leidenschaft.
- konkretisierst du alle offenen Fragen, bestimmst also, was du noch brauchst und klären musst, um starten zu können. (Du musst noch nicht alle Fragen beantworten, es geht darum, eine Übersicht zu schaffen.)

Die Phase „eine Stunde pro Woche" kann ein paar Monate laufen oder schon nach einem Monat beendet sein. Das liegt an dir. Nimm dir ausreichend Zeit, grundlegende Fragen zu deinem Vorhaben zu beantworten, deine Leidenschaft zu definieren und die anstehenden Schritte und offenen Fragen auszuarbeiten.

Eine Stunde am Tag:
Sobald es kein Problem mehr ist, eine Stunde pro Woche für deine Leidenschaft aufzubringen, und alles geklärt ist, beginnt die nächste Phase. Du definierst eine Stunde am Tag, um dich Schritt für Schritt jeder offenen Frage zu widmen.

- Brauchst du Know-how, wie du dich selbst vermarktest?
- Brauchst du finanziellen Rückhalt?
- Weißt du noch nicht, wie man eine Webseite erstellt?
- Zweifelst du an deinen Fähigkeiten?
- Weißt du nicht, woher deine Kunden kommen sollen?

Widme dich in jeder Stunde einer deiner Fragestellungen. Finde Optionen, Lösungsmöglichkeiten, Menschen, die du zur Unterstützung konsultierst, etc., also alle möglichen Quellen, die dir bei der Klärung helfen können. Und wenn eine Stunde nicht ausreicht, dann nimm noch eine dazu. Und noch eine. Widme dich aber immer nur einer Frage und arbeite so lange an Antworten und Lösungen, bis die Frage für dich befriedigend geklärt ist. Dann mach mit der nächsten Frage weiter.

Zeit für offene Fragen

Es ist eine Tatsache, dass viele Unsicherheiten, viele Zweifel, viele Fragen nur deswegen in deinem Kopf so stark manifestiert sind, weil du dich ihnen nicht ungestört, konzentriert und fokussiert widmest, um sie auf diese Art zu beantworten. Nicht weil du etwas nicht weißt oder nicht kannst, bleibt die Frage offen, sondern nur, weil du ihr nicht die notwendige Zeit und Aufmerksamkeit schenkst. Ich verspreche dir: Sobald du die Ein-Stunden-Strategie konsequent durchziehst, wirst du erstaunt sein, wie schnell sich der Nebel lichtet und ein Plan mit konkreten Maßnahmen übrig bleibt.

Tu das Richtige!

In der einen Stunde pro Woche (oder pro Tag oder pro Monat), in der du für deinen Blog „arbeitest", geht's darum, das Richtige zu tun. Da stellt sich die Frage des Selbstmanagements. Ein Blogbusiness besteht diesbezüglich aus drei Bereichen: Lernen, Planen und Tun. Wann man was tut, in welcher Reihenfolge und in welchem Aufwand, ist das Geheimnis des Erfolges. (Übrigens ist natürlich auch dieses Buch dementsprechend aufgebaut.)

Lernen

Für einen erfolgreichen Blog brauchst du eine gewisse Bandbreite an Know-how: technisches Grundwissen, ein Blogbusinessmodell, Marketing-Basics, Verkaufs- und Online-Strategien und ein wenig Wissen über Finanzen (weniger, als du denkst). Du kannst noch so viel Leidenschaft mitbringen, ohne dieses Know-how wird es nichts. Die gute Nachricht: Das ist alles kein Hexenwerk! Jeder, der mit einer Maus umgehen kann, kann Online-Marketing, Blogging und Co. lernen, und authentisches Marketing ist strategischer Hausverstand, gepaart mit Menschenkenntnis.

Es gibt zwei typische Fehler, vor denen man sich in Acht nehmen sollte: entweder zu viel lernen wollen (und dann nie damit anfangen) oder sich denken: „Ach, das mit dem Online-Marketing ist nichts für mich, also blogge ich eben ohne dieses Wissen."

Planen

Im zweiten Schritt geht es darum, deine Leidenschaft, deine Geschäftsidee, deine Produkte und Dienstleistungen mit dem Gelernten in Einklang zu bringen. Hier kommt wieder das Selbstmanagement ins Spiel. Denn ohne Plan ein Business zu starten ist so, als würdest du ohne Plan durch eine fremde Stadt laufen: Du kommst schon irgendwo hin, aber ob das die Orte sind, die du sehen wolltest, ist eine andere Frage. Deshalb musst du vom Lernen irgendwann ins Planen und dann ins Handeln kommen.

Vorsicht!

In diesem Spannungsfeld können viele Fehler passieren, z. B.: zu wenig Planung, das Gelernte nicht einsetzen, Prioritäten zwischen Imageaufbau, Werbung und Verkauf falsch setzen, zu viel Planung und nichts davon umsetzen.

Tun

Auch hier ist wieder Selbstmanagement wichtig. Viele Angestellte erleben fast nur Fremdmanagement, das bedeutet: Man sagt ihnen, wo was wann und wie zu tun ist. Daher ist das Blogbusiness für alle, die vorher angestellt waren, eine gehörige Umstellung. Es stellen sich nun Fragen nach dem Tagesablauf, den Prioritäten, dem Aufschieben, dem „Anfangen und nicht fertig machen" und viele mehr. Meiner Erfahrung nach ist das Wichtigste ein geregelter Tagesablauf mit Routinen. Wenn du noch angestellt bist und den Blog nebenberuflich startest, dann lege genau fest, wann du an deinem Blog „arbeitest", mache Termine mit dir selbst und halte diese ein. Mehr zum Thema Selbstmanagement erfährst du in Exkurs 2.

Vorsicht!

1.6 Fragen, die du dir rund um dein Blogbusiness stellen musst

Zum Starten und Weiterentwickeln eines Business gibt es viele kluge Ratgeber und Expertentipps, nach denen du z. B. Checklisten, Businesspläne, Zahlen, Marktdaten und Finanzierungen beachten sollst. All das sind mit Sicherheit wichtige Faktoren bei „normaler" Selbstständigkeit, beim Bloggen und dem Aufbau eines Online-Business ist aber vor allem dein mentales Fundament entscheidend.

Virtuelles Arbeiten Ein Grund dafür ist, dass es sich um virtuelles Arbeiten handelt: Alles, was für deinen Blog entsteht (Artikel usw.), existiert nur in der Online-Welt, ist nicht greifbar. Mit dem haptischen Erlebnis fehlt jedoch oft auch die Motivation.

Eine noch größere Herausforderung ist es aber, eine Beziehung zu deinen Lesern und baldigen Kunde aufzubauen. Daher ist es wichtig, sich ein paar Fragen zu stellen – Fragen, die in weiterer Folge den Unterschied machen.

Das Wichtigste: dein Warum

Als Erstes stellen wir uns die Frage nach dem Warum. Bevor es bei mir mit einem neuen Projekt losgeht, frage ich mich immer: Warum?

Die Antwort „Ich mache es wegen des Geldes" lasse ich nicht gelten. Geld ist nämlich nur dazu da, die Motive zu befriedigen, die dahinterstehen.

Also noch einmal: Warum tue ich etwas? Warum möchte ich mein Hamsterrad verlassen und ein Blogbusiness betreiben, selbstständig sein, flexibler sein, mehr Freiheit haben? Lautet die Antwort: „Ich möchte keinen fiesen Chef mehr haben, nicht mehr zu viel Zeit im Büro verbringen, keinen Stress mehr haben …"? Ist es also ein „Weg von"?

Warum möchte ich mein bestehendes Business um einen Blog erweitern und ein Online-Standbein aufbauen? Oder ist es ein „Hin zu" – wohin möchte ich? Will ich mehr Freiheit, möchte ich zeit- und ortsunabhängig arbeiten? Oder soll das Online-Business mir neue Möglichkeiten eröffnen?

Also geht es darum, herauszufinden, welches Motiv befriedigt werden soll. Was steht hinter dem Wunsch oder dem Ziel? Welches Motiv führt dich zur Aussage „Ich will ein Blogbusiness"?

Der Motivationstrainer und Autor Tony Robbins spricht in einem TED Talk (Link im Bonusbereich) von sechs Grundmotiven, die hinter unseren Handlungen stehen. Das sind die Motive, die uns dazu bringen, etwas zu tun, und zwar mit Begeisterung. Wenn zwei bis drei dieser sechs Motive befriedigt sind, dann wird echte Leidenschaft entfacht, so Robbins. Dann erlebst du ein Flow-Gefühl, hast ein Glänzen in den Augen und bist mit Begeisterung bei der Sache. Was hat das jetzt alles mit Business zu tun? Ganz einfach: Deine Erfolgschancen steigen, wenn du weißt, was dich antreibt.

Die sechs Grundmotive

Grundmotiv	Was bedeutet das?
1. Gewissheit und Sicherheit	Stell dich der Frage: Bin ich ein Sicherheitsdenker? Bin ich nicht sehr risikofreudig, möchte ich lieber ganz genau wissen, was morgen passieren könnte, und einen Plan haben? Überlege ich mir alles sehr genau? Bin ich ein Mensch, der Gewissheit braucht, soweit das überhaupt möglich ist?
2. Abwechslung	Oder bin ich ein Mensch, der Abwechslung sucht? Auch das ist ein Motiv, etwas wirklich mit Leidenschaft anzugehen: die Suche nach Abwechslung und Unsicherheit, der Wunsch, die Komfortzone zu verlassen.
3. Bedeutung	Möchtest du etwas tun, das für dich selbst oder für andere Menschen Bedeutung hat? Du musst nicht die Welt verändern, Bedeutung kann auch im Kleinen stattfinden. Hier spielt der Aspekt des „Erschaffens" eine große Rolle. Ein Blog ist dazu das ideale Mittel.
4. Liebe und Zusammenhalt	Wenn du etwas aus diesem Motiv heraus tust, möchtest du dadurch private Beziehungen – z.B. Liebesbeziehungen, Freundschaften – verbessern oder dein Netzwerk erweitern. Oder tust du es, um deinen sozialen Status zu erhöhen? Willst du von anderen Anerkennung?
5. Wachstum	Ein weiteres Grundmotiv ist persönliches Wachstum, also der Wunsch, morgen besser zu sein als gestern. Es geht darum, stetig an sich zu arbeiten und durch das, was man tut, einen Schritt weiter zu kommen. „Auf den nächsten Level gehen", wie die Amerikaner dazu oft sagen.
6. Beitrag leisten	Hier geht es um die Frage, ob du einem größeren Ganzen dienen willst. Oft tun wir Dinge nicht für uns, sondern weil wir an etwas Großem, Gemeinsamem Anteil haben möchten.

Wir beginnen mit der Strategie: dein Was

Folgende Frage liegt nahe: Was soll mein Business sein? Oder was kann/soll/muss ein Blog für mein Business tun?

Was will ich tun?

Vielleicht denkst du dir sofort: „Ja genau, das ist die schwierige Frage!" Denn es gibt viel zu viele Möglichkeiten. Die heutige Zeit mit all ihren „Business Opportunities" macht uns zur „Generation Maybe". In der Generation unserer Eltern oder Großeltern war es noch die Regel, sich bereits in der Jugend endgültig für einen Beruf zu entscheiden, der dann gleichzeitig die Identität prägte. Der Weg war vorgezeichnet, es stellte sich selten die Frage nach beruflicher Weiterentwicklung, großen Karrieresprüngen, Arbeitgeberwechseln oder gar einem kompletten Richtungswechsel, auch in einer bereits bestehenden Selbstständigkeit.

Heute ist all dies für uns relevant, wir haben einfach zu oft die Qual der Wahl. Wenn in einem Restaurant nur ein Tisch frei ist, dann denke ich nicht lange nach, wohin ich mich setze. Sind jedoch zehn Tische frei, dann denke ich nach und wäge ab, welcher der Tische wohl der beste ist. Schon eine solche alltägliche Entscheidung fällt uns manchmal schwer. Um wie viel schwerer ist es dann, eine Entscheidung zu treffen, wenn es um unseren Beruf, unsere Berufung oder Selbstständigkeit geht? Oder darum, eine bereits getroffene berufliche Entscheidung nun zu revidieren und etwas völlig anderes zu machen?

Die Qual der Wahl

Wichtig ist, sich klar zu machen, dass es kein Richtig oder Falsch gibt. Lass auch mal eine möglicherweise falsche Entscheidung zu, und gehe nicht davon aus, dass Entscheidungen für immer sind.

Die nächsten Kapitel helfen dir dabei, die Was-Fragen detailliert zu beantworten. Du wirst lernen, wie du dir Klarheit über dein Businessmodell verschaffst, und über die Ziele, die Nische, das Blogthema, das Blogmarketing, die Zielgruppe, die Inhalte und vieles mehr. Denn ein erfolgreicher Blog unterscheidet sich von einem wenig erfolgreichen nicht durch Optik oder eine technisch ausgefeilte Webseite, sondern es sind wie so oft im (Business)-Leben die Soft Skills, die den Unterschied machen.

Wir werden konkret: dein Wie

Die dritte Frage, die du dir stellen musst, ist die Frage nach dem Wie. Auch das mag dir als eine riesige Hürde erscheinen, denn ein Blog hat eine technische Basis, und eine Webseite aufzubauen ist sehr aufwendig. Doch Tausende Blogs werden pro Tag gestartet, und nur ein kleiner Bruchteil davon wird Erfolg haben. An der Technik liegt das also nicht. (Trotzdem findest du alle Infos zur Technik im kostenlosen Online-Bonus-Bereich.)

Beim Wie geht's deshalb eigentlich um die Umsetzung von all dem, was wir beim Was erarbeitet haben, es geht also ans Eingemachte:

Wie wird ein Blog erfolgreich und bleibt es auch?

Pareto-Prinzip Darum wird es im dritten Teil des Buches gehen, vorab nur eine wichtige Bemerkung zum Wie: Vielleicht hast du schon einmal vom Pareto-Prinzip gehört? Vilfredo Pareto (1848–1923) war ein italienischer Ingenieur, Ökonom und Soziologe. Das nach ihm benannte Prinzip basiert auf seiner Theorie, dass 20 Prozent unseres Aufwands – egal, ob Zeit, Geld, Energie oder was auch immer – uns 80 Prozent unseres Ertrages einbringen. Aber auch umgekehrt gilt, dass die meisten Menschen 80 Prozent ihrer Zeit in Dinge investieren, die am Ende nur 20 Prozent Output liefern.

Für ein erfolgreiches Blogbusiness ist es von unermesslicher Wichtigkeit, diese 80/20-Regel stets im Hinterkopf zu behalten. Das heißt, sich anzuschauen: Was tue ich und was davon bringt Ertrag? Was tue ich, das keinen Ertrag bringt? Und was bringt schnell und viel Ertrag? Unter „Ertrag" verstehe ich hier nicht Geld, sondern Ergebnisse!

Und dann tun wir etwas, das Kollege Tim Ferriss in seinem Buch *Die 4-Stunden-Woche* empfiehlt: Wir eliminieren. Wir eliminieren all das, was 80 Prozent unseres Aufwands bedeutet, aber nur 20 Prozent unseres Ertrags bringt.

Das Spannende ist für mich hier die Gratwanderung zwischen Professionalität und Perfektionismus: Ich kenne Menschen, die ganz schnell ins Handeln kommen, die „tun einfach". Sie achten weder auf die 80/20-Regel noch auf das Thema Professionalität. Das andere Extrem sind die Perfektionisten, und davon kenne ich auch sehr viele. Das sind die, die ewig nicht ins Handeln kommen, weil sie versuchen, im Wie so professionell wie möglich zu sein. Sie machen noch eine Ausbildung, noch einen Kurs, lesen noch ein Buch, denken noch einmal darüber nach, überarbeiten alles noch einmal ... und auch dann ist das Ergebnis in ihren Augen noch nicht gut genug, um damit rauszugehen.

Professionalität vs. Perfektionismus

Wenn du beginnst, die Strategien aus diesem Buch umzusetzen, sollte dir klar sein, dass nicht alles bei jedem sofort funktioniert. Achte daher auf die 80/20-Regel, finde heraus, was funktioniert, und höre auf, Dinge zu tun, die (nach mehrmaligen Ausprobieren) nicht das gewünschte Ergebnis liefern.

. . . .

Aufgaben

1. Beschreibe auf rund einer Seite, warum du bloggen willst. Nimm dir Zeit und kläre für dich in aller Ruhe, welche Motive dahinterstehen, was dich antreibt. Was wäre das Beste, das passieren könnte, wenn alles perfekt läuft? Was ist das ganz große Ziel deines Vorhabens? Welche deiner Grundwerte und Motive werden mit dem Weg und auch mit dem Resultat befriedigt?
2. Kläre (nur für dich, ganz im Geheimen) welche Grundmotive dich bei deinem Blog antreiben. Mach dir klar, wie viele davon sich miteinander vereinbaren lassen und dir somit so richtig Drive geben.

Beispiel: Meine Antworten auf die Warum-Fragen
Das Warum ist das wichtigste Fundament für einen Blog und ein Blogbusiness. Es ist deshalb wichtig, nicht nur einmal „Warum?"

zu fragen, sondern vier- bis fünfmal. Mit jeder Warum-Frage gehst du weiter in die Tiefe und verschafft dir noch mehr Klarheit über deine Werte und Motive. Und die Motive sind das, was uns antreibt.

Um es dir leichter zu machen, zeige ich dir anhand meines Blogs, was die Warum-Fragen bringen, und gebe dir dadurch gleichzeitig eine Anleitung, um sie anzuwenden:

Was tust du in deinem Business oder auf deinem Blog?
Meine Antwort: *„Ich unterstütze Menschen dabei, das Hamsterrad zu verlassen."*

Warum?
„Weil ich glaube, dass jeder Mensch es verdient hat, das zu tun, was ihn oder sie glücklich macht."

Warum?
„Ich glaube, dass das Leben mehr zu bieten hat, als in einem Job, der nicht glücklich macht, Geld zu verdienen."

Warum?
„Weil ich denke, dass das Leben der eigenen Berufung Zufriedenheit und Erfüllung bringt."

Warum?
„Weil es im Leben mehr auf die Erlebnisse ankommt als auf den Besitz. Je mehr Zeit ich im Leben mit etwas verbringe, das mir Spaß macht und mich erfüllt, umso mehr kann ich jeden Augenblick genießen."

Warum?
„Weil es das ist, was am Ende zählt: die Zeit, die du mit dem verbringst, was du gerne tust, und die Zeit, die du mit Menschen verbringst, die du liebst."

1.7 Die Hürden vor dem Start

Wie entstehen eigentlich Mythen und Vorurteile? Indem Menschen, die wenig Ahnung von etwas haben, so tun, als hätten sie Ahnung. Wenn man es so sieht, ist es kein Wunder, dass es kaum Lebensbereiche gibt, in denen keine Klischees und völlig falsche Glaubenssätze die Runde machen, die bei echten Experten nur Kopfschütteln hervorrufen. Beim Bloggen ist es nicht anders, da heißt es etwa: „Bloggen kann jeder, ist ganz einfach, in 10 Minuten kann man einen eigenen Blog starten und wird dann reich und berühmt."

Ich kenne viele Vorurteile zum Thema Bloggen auch deshalb so gut, weil ich so manche davon früher selbst hatte und bei einer ganzen Reihe der untenstehenden Punkte genickt hätte. Viele dieser Irrtümer führen dazu, dass talentierte zukünftige Blogger falsche Erwartungen haben, Fehler machen, scheitern oder gar nicht erst beginnen. Ich habe mit einer Reihe meiner Kollegen gesprochen und klar ist eine Botschaft:

Du darfst diesen falschen Glaubenssätzen nicht auf den Leim gehen.

Gruppe 1: Die Zweifler

Die Zweifler wollen beginnen zu bloggen, aber eine Reihe von Glaubenssätzen hält sie davon ab. Meistens tendieren sie zudem dazu, perfektionistisch zu sein. Folgende Irrtümer sorgen dafür, dass viele talentierte Blogger aus dieser Gruppe vielleicht niemals starten.

☹ *„Bloggen ist technisch sehr kompliziert"*
Meine eigenen Kenntnisse in HTML, JavaScript, CSS, PHP (alles irgendwelche Web-Programmiersachen) sind überschaubar, eigentlich gehen sie gegen null. Das deutet schon ziemlich klar darauf hin, dass Technik-Wissen und Erfolg in keinerlei Zusammenhang stehen.

☹ *„Bloggen kostet unglaublich viel Zeit"*
Facebook auch. Fernsehen auch. Jeden Tag einen Job machen, den man hasst, auch. Ist der Groschen gefallen?

☹ *„Schreiben ist schwer" | „Ich kann nicht schreiben."*
Schreiben ist Handwerk
Walter Epp vom schreibsuchti.de schreibt großartig. Er gehört mit Sicherheit zu den talentiertesten Schreibern in der deutschsprachigen Blogger-Szene. In einem Interview mit mir hat er eines deutlich betont: Schreiben ist keine Kunst. Schreiben ist Handwerk. Du musst es nur lernen wollen, und ein wenig Konsequenz ist nötig. Die hast du in dir. Als Baby hast du ja auch nicht nach ein paar Mal hinfallen beschlossen, das mit dem Laufenlernen einfach aufzugeben, oder?

☹ *„Irgendwann hab ich nichts mehr zu schreiben."*
So geht es jedem, der sich in einem Thema besonders gut auskennt: Man denkt, das eigene Wissen, die eigene Expertise wäre nichts Besonderes, das könne und wüsste doch jeder. Aber dem ist nicht so. Und ein Bereich, für den du dich begeisterst, ist immer unerschöpflich. Denn je mehr du weißt, umso öfter stößt du auf neue Aspekte, die es noch zu entdecken gilt.

☹ *„Bloggen bringt meinem Business nichts."*
Bloggen macht dich bekannt. Bloggen zeigt anderen, was du tust. Bloggen positioniert dich in einem bestimmten Bereich als Experte. Bloggen holt Interessenten auf deine Webseite. Bloggen führt zum Aufbau einer Mailingliste. Bloggen wird von Google geliebt. ... Okay, stimmt, all das bringt deinem Business natürlich gar nichts. Oder, hm, vielleicht doch? Besser noch mal drüber nachdenken!

Gruppe 2: Die Belächler

Man kann es den Belächlern ja nicht verdenken: Bloggen ist nicht unbedingt etwas, das man in der Schule oder auf der Uni lernt oder wofür es eine „ordentliche" Berufsausbildung mit Abschlussprüfung gäbe. Daher ist es nachvollziehbar, dass es von vielen belächelt und nicht ansatzweise als „Beruf" wahrgenommen wird. Meine Haltung dazu: Hohn ist das Lob der Unwissenden.

☹ *„Was soll das denn bringen?"*
Der Großteil des Familien-, Freundes- und Bekanntenkreises fällt in diese Gruppe. Auf die Frage „Was machst du beruflich?", antworte ich immer mit Hingabe (obwohl es im Detail nicht mehr stimmt): „Ich bin Blogger." Ich kann die Sekunden zählen, bis die Antwort kommt: „Davon kann man leben?" Im weiteren Gespräch wird deutlich, dass mein Gegenüber belächelt, was ich tue. Erst wenn ich die Summen nenne, die das Bloggen Monat für Monat für mich erwirtschaftet, wird man hellhörig.

☹ *„Das liest doch keiner."*
Dieser Einwand hat teilweise seine Berechtigung. Denn Blogs, die nicht gut gemacht sind, liest tatsächlich keiner. Punkt. Es gibt einfach zu viele davon. Aber wenn dein Blog gut ist, dann wird er nicht nur gelesen, er wird geliebt. Und ja, es gibt Tausende und Abertausende Menschen, die regelmäßig Blogs lesen. Nur kann die Werbeindustrie hier kaum etwas verdienen, daher gibt es dazu keine umfangreichen Mediaanalysen wie zu TV & Co.

Tausende lesen Blogs

🙁 „Davon kann man nicht leben.“

Auch das ist nicht immer falsch. Aber das hängt nicht vom Blog ab, sondern von dir, deiner Qualifikation, deinem Marketing und vor allem von deinem Blogbusinessmodell. Von einem schlecht gehenden Restaurant kann man auch nicht leben, und auch als „schlechter“ Angestellter verliert man irgendwann seinen Job. Aber die gute Nachricht ist: Wenn du etwas gerne tust, dann wirst du gut darin, und wenn du gut bist, dann ist der Erfolg gar nicht mehr so weit weg.

Gruppe 3: Die Geschäftemacher

„Bloggen erklären“ ist ja mittlerweile ein tolles Business geworden. Meistens wird es leider von Leuten betrieben, die niemals mehr als 5000 Leser im Monat auf ihrem Blog hatten und die mit ihrem Blog kaum bis gar kein Geld verdienen. Aber wie bei allen Dingen im Leben, die „trendy“ sind, gibt es natürlich viele Trittbrettfahrer, die die folgenden Mythen mit einer einzigen Motivation verbreiten: selbst Geld verdienen.

🙁 „Bloggen kann jeder.“

Das bekommt man momentan Tag für Tag verkauft: „Zum Bloggen musst du nichts können und nichts wissen. Ohne Vorkenntnisse, ohne Wissen, ohne Webseite, ohne Laptop – es klappt trotzdem.“ Wer das glaubt ist, sorry, offenbar auch ohne Hirn unterwegs. Nein, bloggen kann nicht jeder. Aber es kann auch nicht jeder Buchhalter sein oder Tischler oder Astronaut oder Tauchlehrer oder Koch oder, oder, oder. Wie bei allem im Leben zählt die Mischung aus Talent, Handeln und Durchhalten. Wobei tatsächlich der letzte Punkt der wichtigste ist.

🙁 „Bloggen geht fast von allein.“

Die gleichen Kollegen, die uns beim vorherigen Punkt begegnet sind, machen hier weiter: „Du musst nur das Tool X oder Y benutzen, dann hast du im Handumdrehen einen Blog im Netz, und damit ist das Wichtigste ja bereits geschafft. Der Traffic sprudelt wie von Geisterhand und all deine Besucher reißen dir die Produkte aus den Händen." Die Brüder Grimm würden bei manchen Blogging- und Online-Business-Gurus wahrlich vor Neid erblassen.

☹ *„Du musst nur ein wenig schreiben können."*
„Denn wenn der Artikel geschrieben ist, dann geht der Rest von allein. Ganz von selbst sucht Google genau deinen Artikel aus, und du musst dich gar nicht darum kümmern, dass dein Blog und deine Blogartikel bekannter werden." Gebrüder Grimm, Teil 2.

☹ *„Es gibt ein Patentrezept."*
Im dritten Teil von Grimms Märchen kommt Magie ins Spiel: „Mache einfach die Schritte 1 bis 5 und schon bist du erfolgreich. Klar, etwas über diese Schritte zu erfahren, wird dich viel Geld kosten. Und wenn diese Schritte dann wider Erwarten doch nicht funktionieren, dann ist jedoch nicht das Patentrezept schuld – du bist eben einfach noch nicht so weit." Hier gilt wie in allen Bereichen: Es gibt kein wiederholbares Rezept, das immer funktioniert. Es gibt immer mehrere Wege zum Erfolg und genauso viele zum Misserfolg. Den Stein der Weisen gibt es im Online-Business auch nicht, obwohl viele dich das glauben machen wollen.

> Mehrere Wege zum (Miss-) Erfolg

Gruppe 4: Die falschen Experten

Die Menschen in dieser Gruppe sind entweder seit Jahren Blogger (meistens der alten Schule) oder glauben aus anderen, völlig unerfindlichen Gründen, sie wären Experten zum Thema Bloggen. Sie bezeichnen sich auch selbst als „Experten", „bekannte Coaches" oder „gefragte Erfolgsautoren", haben aber in Wirklichkeit oftmals leider gar keine Ahnung oder ihre Expertise stammt aus den Jahren des 56k-Modems.

🙁 „Geld lässt sich nur mit Werbung verdienen."

Einer der hartnäckigsten Irrtümer, besonders stark verbreitet durch Old-School-Blogger, besteht darin zu glauben, dass Blogs nur durch Werbung oder Werbebeiträge Geld bringen. Ich selbst durfte mir anhören, dass man als Blogger, der seine eigenen Produkte anbietet, ja nicht mehr sei als ein „E-Book verkaufender Versicherungsvertreter". (Sorry, liebe Versicherungsvertreter, diese Aussage stammt nicht von mir!) Um es noch einmal klarzustellen: Ein Blog bringt Menschen weiter und ist gleichzeitig eine Mini-Werbeagentur für den jeweiligen Blogger. Was man daraus macht, bleibt jedem selbst überlassen. Und ja, man kann damit ganz gut den Lebensunterhalt bestreiten – auch ohne Werbung.

🙁 „Content is king!"

Hätte ich jedes Mal, wenn ich diesen Satz gelesen habe, einen Euro bekommen, wäre ich reich. Und ja, ich gebe es zu, ich selbst habe das auch schon geschrieben. Aber der Satz stimmt nicht. Denn Content (also Inhalte, Texte, Videos etc.) gibt's online zuhauf. Es geht nicht um den Inhalt. Es geht darum, wer den Inhalt für wen wie verpackt. Deswegen haben die Copycats keine Chance, und die „Guten" haben kaum Konkurrenz. Außerdem gilt: Promotion ist auch King! Und Strategy und Motivation und Perseverance.

🙁 „Es dauert lange, bist du erfolgreich bist."

Hier sprechen langjährige „Experten" aus eigener Erfahrung. Aus einer Erfahrung, die zutiefst subjektiv ist. Wenn du einen Blog startest, kann es sein, dass er durch die Decke geht (so wie meiner z. B.). Es kann aber auch sein, dass es länger dauert und ein stetiges Wachstum entsteht (wie beim Blog zendepot.de von meinem Freund Holger). Am Ende zählt nicht, wie lange es dauert, sondern ob das Ziel erreicht wurde. Bloggen ist kein Wettrennen.

🙁 „Es gibt feste Regeln."

Dein Blog, deine Regeln

Erst nachdem ich mit dem Bloggen bereits begonnen hatte, habe ich bemerkt, dass es in der sogenannten Blogosphäre (was für ein fürchterliches Wort) so etwas wie Regeln gibt. Also Dinge, die man als Blogger tut und tun muss und andere, die man nicht tun darf. Tja, dummerweise kannte ich diese Regeln nicht. Es hat trotzdem funktioniert – oder gerade deswegen. Nicht umsonst gibt es den schönen Spruch: „Alle sagten: Das geht nicht. Bis einer kam, der das nicht wusste. Der hat es einfach gemacht."

Aufgaben

1. Welche Mythen zum Thema Bloggen kennst du und welchen bist du auf dem Leim gegangen?
2. Was bremst dich, was hält dich vom Start ab?
3. Gehe die Liste der Dinge, die dich bremsen, durch und beschreibe deine Gedanken zu jedem dieser Punkte (je ein Absatz).

Success Story 2:
Von der Forschung in den Kräutergarten

(PATRICIA RICCI, VILLANATURA.AT)

„Patricia, du brauchst keine Webseite. Du brauchst einen Blog!" So oder so ähnlich war meine Reaktion, als ich vom Konzept der Villa Natura erfuhr. Patricia und ich sind langjährige Bekannte, sie stolperte irgendwann mal über meine „Webseite" (sie dachte, es sei einfach nur eine Webseite). Hamsterrad verlassen und mit der eigenen Berufung erfolgreich werden, das war ganz ihr Ding. Obwohl sie sehr erfolgreich in der Medizinbranche tätig war, von Hongkong bis Brasilien durch die Gegend jettete und gutes Geld verdiente, war ihr klar: „Das kann nicht alles gewesen sein!"

Uns so saßen wir am Wiener Naschmarkt bei einer Melange und sie zeigte mir die ersten Entwürfe ihrer Webseite VillaNatura.at. Ihre Begeisterung wurde durch meine recht harsche Antwort ein wenig gebremst, denn sie hatte keine Ahnung, was ein Blog war und wozu sie einen Blog brauchte. Vom Businessstress hatte sie genug, die Villa Natura sollte ein Haus im Grünen sein, in dem sie all ihren kreativen Interessen frönen und Workshops, Seminare, Kräuterwanderungen und vieles mehr anbieten konnte.

Die Funktion eines Blogs war ihr zwar nicht klar, aber sie vertraute mir und lies die „normale" Webseite in einen Blog umgestalten. Sie stieg auch gleich voll ein, kündigte ihren Job und konzentrierte sich auf den Aufbau des VillaNatura-Blogs. Als sie mir eine der Headlines für einen ihrer ersten Blogartikel nannte, wusste ich: Die hat's drauf. Die Headline lautete: „5 Dinge, die du von einem Baum lernen kannst". Nach ihrem Blogstart erkannte sie schnell, was der Blog tat, nämlich ein virtuelles Zuhause zu sein. Für sich selbst und für alle, die sich für die Villa Natura interessierten.

„Der Blog hat mir sehr geholfen. Ich habe begriffen, dass ich kein Haus brauche, dass die Villa Natura in den Köpfen entsteht."

Sie hat, wie sie selbst sagt, den üblichen Prozess umgekehrt. Üblicherweise wird ein Produkt entwickelt und dann zum Kauf angeboten. Patricia zäumte das Pferd von hinten auf. Sie konnte sich mit dem Blog eine Fangemeinde und Community aufbauen, bevor es das eigentliche Produkt „Villa Natura" gab. Der ganze Druck, „unbedingt dieses Haus am Waldrand im Grünen finden" zu müssen, fiel von ihr ab, denn der Blog lief großartig.

Du kannst dir vermutlich bereits vorstellen, was dann relativ bald passiert ist: Die Villa Natura kam zu ihr. Ja, ich weiß, das klingt jetzt furchtbar spirituell, aber sobald man aufhört, verbissen nach Zielen und Dinge zu streben, liefert das Leben einfach von selbst. Rund ein halbes Jahr nach dem Start des Blogs fand Patricia am Stadtrand von Wien ihre Villa Natura und auch eine Möglichkeit, das Ganze zu finanzieren.

Der Blog hatte bereits die gesamte Vorarbeit geleistet, denn ihre Leserschaft war natürlich begeistert, dass es die Vision, die durch den Blog virtuell in den Köpfen entstanden war, nun auch real gab.

„Der Blog gab mir die Möglichkeit, direkt mit meinen Lesern zu kommunizieren. Keine ‚Marketing-Einbahnstraße', wie ich es gewohnt war."

Und so entwickelte sich alles fast wie von selbst: Workshops, Kräuterwanderungen, Yoga, das Malspiel, etwas andere Teambuilding-Seminare und vieles mehr entstanden und Patricia war plötzlich in aller Munde. Klassische Medien wurden auf sie aufmerksam und sie wurde zur Expertin und gefragten Interview-Partnerin.

Ich konnte es nicht glauben, als ich in einem Wiener Lokal plötzlich ein Magazin sah, von dessen Cover mir Patricia entgegenlachte. Mittlerweile ist sie auch an ihrem Ziel angekommen und der Blog ist in seiner Wichtigkeit in die zweite Reihe gerückt. Die Begegnung mit der Natur und mit ihren vielen Gästen in der Villa Natura sind das, worum es ihr geht. All das hat ein kleiner Blog ermöglicht.

TEIL **2**

· ·

Was?
Die Strategie
für dein
erfolgreiches
Blogbusiness

Im zweiten Teil dieses Buches widmen wir uns dem Plan. Ein Blog und ein damit verbundenes Business brauchen einen Plan wie jedes andere Unternehmen auch. Nur unterscheiden sich die Anforderungen, die Aufgaben sind anders gewichtet und auch die Uhren ticken in manchen Bereichen völlig anders.

In diesem Teil widmen wir uns deinem Businessmodell und dem eigentlichen Blogthema (noch besser: der Nische), wir definieren das Publikum, das du erreichen möchtest, und machen einen Blog-Marketing-Crash-Kurs.

Als Erstes werden wir uns Klarheit über das Geschäftsmodell verschaffen und herausfinden, welche Möglichkeiten ein Blog diesbezüglich eröffnet.

2.1 Das Businessmodell definieren

Auch bei einem Blog bzw. einem Blog-Business ist es wichtig, sich Gedanken zum Businessmodell zu machen. Nein, „wichtig" ist hier das falsche Wort – das Businessmodell macht vielmehr den Unterschied zwischen einem Wald-und-Wiesen-Blog und einem Blog, der selbst ein Business ist oder merklich zu deinem Business beiträgt.

Bauchladen? Besser nicht! Beim Start eines Blogs denkt man an alles Mögliche, nur nicht an das Businessmodell. Und nirgendwo – egal ob Buch, Online-Kurs oder Blogartikel – wird auf diesen Aspekt eingegangen. Großer Fehler! Ich weiß das deswegen so gut, weil ich mindestens zwei Jahre lang einen sehr erfolgreichen Blog betrieben habe, ohne ein richtiges Businessmodell zu haben. Was dazu geführt hat, dass ich mit meinem Blog sehr viel erreicht habe. Nur ordentlich Geld verdient habe ich nicht. Denn mein Businessmodell hieß: Bauchladen. Ein paar digitale Produkte, ein wenig Coaching, ein bisschen Affiliate-Marketing, ein paar Seminare, ein wenig Consulting, ein bisschen Speaking und was es sonst noch alles gibt. Ich habe alles gemacht. Nur nichts davon gut.

Erst als ich für mich klar definiert hatte, dass mein Businessmodell das Verkaufen von digitalen Produkten ist und sich all meine Pläne, Bestrebungen, Projekte und Aufgaben diesem Ziel unterordnen müssen, wurde es einfach. Fast lächerlich einfach.

Auch wenn vielleicht andere erfolgreiche Blogger hier nicht meiner Ansicht sind: Du musst dein Businessmodell klar definiert haben und somit auch die Aufgabe, die dein Blog für dich und/oder für dein Business übernehmen soll. Du musst auch klar definiert haben, welche anderen Businessmodelle du *nicht* verfolgst und anstrebst. Im Folgenden gehen wir die verschiedenen möglichen Businessmodelle für deinen Blog durch.

Modell 1: Ich zeige dir Werbung.

Der erste und nächstliegende Gedanke ist der an Monetarisierung durch Werbung. Sehr viele Blogs, meistens jene, die schon länger online sind, sind mit Bannern und Ähnlichem versehen, die mehr oder weniger zum Thema das Blogs passende Produkte bewerben. Denn wenn jemand einen Blog über Orchideenzucht liest, dann klickt er natürlich auch auf ein Werbebanner, das zeigt, wo es Samen für Orchideen zu kaufen gibt. Ein offensichtlicher und logischer Gedanke, aber die Sache hat einen Haken, eigentlich sogar gleich mehrere.

Als Blogger ist dir eines wichtig: so viele (neue) Leser wie möglich auf deinen Blog zu holen. Das heißt, dass du stets einiges an Aufwand betreibst, um Menschen zu erreichen, um sie dazu zu bringen, deine Seite zu besuchen. Und dann? Dann sind sie auf deiner Seite, und plötzlich entpuppst du dich als eine gespaltene Persönlichkeit. Denn einerseits willst du, dass sie bleiben, deine Artikel lesen, dich kennenlernen, deinen Newsletter abonnieren und deinen Blog empfehlen. Doch andererseits hast du Werbebanner auf deiner Seite, die dir Geld bringen (nicht viel, nebenbei bemerkt). Somit wünschst du dir gleichzeitig, dass diese Leser, die du mit so viel harter Arbeit auf deine Seite geholt hast, wieder gehen, weil sie bei Amazon, Zalando & Co. Produkte kaufen sollen. Der Zwiespalt ist offensichtlich.

Gespaltene Persönlichkeit

Aber es bleibt nicht bei dieser einen Diskrepanz. Wie du schon in früheren Kapiteln erkannt hast, ist das Vertrauensverhältnis zwischen Blogger und Leser wichtig. Der Leser muss den Blogger als Experten für ein bestimmtes Thema wahrnehmen. Aber wie soll das gehen, wenn der vermeintliche Experte für Orchideenzucht auf seinem Blog das Buch eines anderen auf Amazon empfiehlt?

Werbeanzeigen untergraben den eigenen Status beim Leser. Abgesehen davon, dass sie deinen Blog auch noch potthässlich machen, wenn du es nicht sehr professionell angehst. Hinzu kommt noch ein weiterer Nachteil: Werbefinanzierung über Banner und Ähnliches macht sich nur bezahlt, wenn du wirklich sehr, sehr viele Leser hast. Wir sprechen da von 100 000 und mehr im Monat. Und das ist die Untergrenze! Somit fällt diese Art der Finanzierung für Anfänger schlichtweg flach. Etablierte, alteingesessene und reichweitenstarke Blogs können aber durchaus mit diesem Businessmodell sehr gute Umsätze erzielen.

Modell 2: Ich erkläre dir das im echten Leben.

Für Coaches, Trainer, Berater & Co. ist ein Blog das beste Werbewerkzeug, das es gibt. Denn mit nichts anderem kannst du so einfach deine Expertise in deinem Bereich klarmachen wie mit einem Blog. Wenn du bereits Coach, Trainer oder Berater bist, dann kann ein Blog aus dem Stand deine Buchungslage verbessern.

Gut investierte Zeit

Denn die Kaufentscheidung („Soll ich Person A oder B als Coach etc. beauftragen?") wird merklich erleichtert, wenn der potenzielle Kunde nicht nur etwas über den Coach erfährt, sondern sich auch sofort von dessen Expertise, Arbeits- und Sichtweise, Tonalität usw. überzeugen kann. Ein Blog verbessert für jeden Offline-Trainer, -Coach und -Consultant die Ausgangslage und den Booking-Erfolg erheblich. Wichtig ist aber, dass das nicht nebenbei passiert, der Blog also quasi nur ein „Anhängsel" ist, sondern dass er vielmehr einen wichtigen Stellenwert im Marketing-Mix einnimmt. Die investierte Zeit ist gut investiert. Einen Blog zu pflegen lohnt sich viel mehr als sich auf Messen zu stellen, einer SEO-Agentur Geld in den Rachen zu werfen oder noch mehr Geld mit Google Ads zu verbrennen.

Ein gutes Beispiel für dieses Businessmodell ist das des österreichischen Verkaufstrainers Roman Kmenta (www.RomanKmenta.com), der mit einem viralen Post auf Facebook und auf seinem Blog seine

Reichweite im Handumdrehen und ohne Kosten vervielfachen konnte. Seit er bloggt, haben sich die Trainings- und Speakinganfragen vervielfacht

Außerdem ist Coaching und Beratung die einfachste und schnellste Möglichkeit, einen Blog zu monetarisieren, also aus einem „Liebhaber-Projekt" etwas entstehen zu lassen, das auch mal die Miete zahlt. Denn ein weiterer Punkt in der Menüleiste des Blogs (meistens heißt er „Coaching" oder „Arbeite mit mir") ist schnell eingerichtet, und um beispielsweise Beratung anzubieten, musst du kein Produkt produzieren, vermarkten oder verkaufen. Es sind de facto keinerlei technische Hilfsmittel nötig. Ein Kontaktformular und eine Beschreibung deiner Dienstleistung reichen aus.

<aside>Einfach und schnell</aside>

Sehr viele Blogger wählen dieses Businessmodell, weil die Hürde so niedrig ist. Ein weiterer Pluspunkt ist die Tatsache, dass man Coaching nicht mehr lokal anbieten muss, sondern auch auf Skype oder andere Online-Tools zurückgreifen kann. Sobald Coaching und Beratung funktionieren, ist das Veranstalten von Seminaren oder Workshops der nächste Schritt. All das wird durch die eigene Blog-Leserschaft möglich. Werbung ist gar nicht mehr nötig, weil du durch deinen Blog direkten Kontakt zu Menschen hast, die sich genau für dein Thema interessieren. Du lenkst quasi einfach nur die Aufmerksamkeit deiner Leser vom kostenlosen Blogartikel hin zum kostenpflichtigen Coaching oder Seminar. Der Schritt ist klein und für interessierte Leser, die dir bereits vertrauen, mehr als naheliegend.

Modell 3: Ich erledige das für dich.

Wenn ein Blog ein gutes Mittel ist, um ein bestehendes Offline-Business von Trainern oder Coaches auf die nächste Stufe zu bringen, dann gilt das natürlich auch für andere Dienstleister, wie z. B. Grafiker, Web-Entwickler, Texter & Co, also all jene, die unter den Begriff „Freelancer" fallen: Kreative, die nicht fest angestellt sind, sondern ihre Dienstleistungen am freien Markt anbieten.

Auch hier macht ein Blog einen guten Job: Expertise klar machen, Beispiele aufzeigen, nicht verkaufen, sondern beweisen. Eine Copywriterin wie Hannah Mang (www.HannahMang.com) muss ihren zukünftigen Kunden nicht beweisen, dass sie gut schreiben kann, denn das beweist bereits jeder einzelne ihrer Blogartikel. Hier greift das alte Marketing-Gesetz:

Show, don't tell!

Werbung auf Autopilot

Ein Blog kehrt den Verkaufs- und Marketingprozess quasi um: Kunden finden Inhalte, sehen Ergebnisse und fragen an. Das macht das Freelancer-Leben leicht(er), denn der Blog ist die eigene kleine, aber feine Werbeagentur auf Autopilot.

Modell 4: Ich erkläre dir das online. (Variante 1)

Dies ist eine Weiterentwicklung des Modells Nr. 2. Es geht bei diesem Geschäftsmodell darum, deine Leser und Kunden im weitesten Sinne etwas zu lehren. Was Coaches, Trainer und Berater in kleinerem Kreise und überwiegend in der „realen Welt" tun, geschieht hier online, also in Form von digitaler Unterstützung. Kollegen, die dieses Businessmodell verfolgen, setzen aber nicht auf eine reine Learn-it-yourself-Strategie. Live-Webinare, Fragerunden, Online-Foren, Social-Media-Gruppen etc. werden eingesetzt, um die Kunden auf ihrem Weg zu unterstützen. Digitale Produkte (meistens Online-Kurse) sind die Basis und werden mit individueller Betreuung und Beratung verknüpft. Die Zielgruppe sind hier meistens Menschen, die den sozialen Aspekt suchen, sich gerne austauschen und keine Einzelkämpfer sind. Das bedeutet, der Blogger löst mithilfe von digitalen Produkten und individueller Beratung das Problem seiner Kunden oder erklärt ihnen komplexe Sachverhalte. Wichtig ist dabei der Austausch zwischen den Kunden und dem Blogger selbst.

Marit Alke von coachingprodukte-entwickeln.de setzt auf dieses Businessmodell. Oftmals kommen bei dieser Art Businessmodell technische Aspekte (How-to) und mentale (Mut, Selbstvertrauen, Fokus) zusammen, wodurch dieses Modell erhebliche Vorteile für den Kunden liefert.

Modell 5: Ich erkläre dir das online. (Variante 2)

Noch einen Schritt weiter geht das Businessmodell, dem ich folge. Es setzt auf den Selbstlern-Aspekt und hat als Zielgruppe Menschen, die die Dinge selbst in die Hand nehmen wollen. In diesem Businessmodell findet sich eine Reihe von verschiedenen Themen wie z. B. „Vermögen bilden" (Holger Grethe von zendepot.de), „Selbstmanagement" (Thomas Mangold von Selbst-Management. biz) oder „Fotografie" (Christian Anderl, shootcamp.at). Das Businessmodell setzt auf weitgehende Automatisierung der Vertriebs- und Verkaufsprozesse und geht von einer „Selbermacher"-Motivation der Kunden aus.

Selbstlern-Aspekt

Konkret übernimmt bei diesem Businessmodell der Blog die Funktion, die Leser und Interessenten zu begeistern und dann in Interessengruppen zu segmentieren. Ein wichtiger Faktor ist dabei auch der Bereich E-Mail-Marketing.

Die Reise des Lesers

Aus Lesersicht musst du dir das Businessmodell Nr. 5 vorstellen wie eine kleine Reise:
1. Als Leser hast du eine Frage oder ein Problem, z. B.: „Ich bin in einem Job, der mich nervt, und ich sehe keine Alternative bzw. habe keine Idee, wie ich aus meinem Hamsterrad rauskommen soll." (Problem oder Leidensdruck des Lesers.)
2. Auf Facebook stolperst du über einen Artikel, der von „Hamsterrad verlassen und mit deiner Berufung erfolgreich

werden" handelt. Du klickst auf den Link und kommst auf meinen Blog.

3. Du liest den Artikel, du liest einen zweiten oder dritten und stolperst über ein kostenloses E-Book mit dem Titel „Vom Hamsterrad zum Lifestyle Business – der 10-Schritte-Plan". Die Artikel, die du gelesen hast, findest du spannend, und deshalb willst du auch das E-Book lesen. Um dieses E-Book runterladen zu können, trägst du dich in meinen Newsletter ein und du bekommst den Download-Link.

4. Sobald du das kostenlose E-Book angefordert hast, weiß ich, dass du dich für das Thema „Hamsterrad verlassen" interessierst. Es gibt bei mir auch noch kostenlose E-Books zum Thema „Berufung", „Bloggen", „moderne Selbstständigkeit" etc. Da ich weiß, welches E-Book du angefordert hast, kann ich dir gezielt Inhalte und auch Produkte zu genau dem Thema anbieten, das dich interessiert.

5. Nachdem du das E-Book und weitere Inhalte von mir gelesen und für gut befunden hast, erhältst du auch mal eine E-Mail mit einem Online-Kurs-Angebot zum Thema „Hamsterrad verlassen". Dein Vertrauen, deine Motivation und dein Interesse sind da. Du kaufst.

6. Der Prozess beginnt (etwas verändert) von Neuem bei Punkt 4.

Automatisiertes Blogbusiness

Die eben beschriebene Reise des Lesers stellt in knapper Form die Idee eines automatisierten Blogbusiness dar. Die Vorteile liegen auf der Hand. Da sehr viel automatisch abläuft, ist deine zeitliche und physische Anwesenheit nicht notwendig. Klar ist aber auch, dass so ein „Business-System" nicht von jetzt auf gleich aufgebaut ist. Daher sind die obigen Businessmodelle auch als Vorstufen zu sehen. Wir gehen in Teil 3 dieses Buches noch genauer darauf ein.

Aufgaben

1. Definiere dein Businessmodell:
   - werbefinanziert,
   - Beratung, Coaching, Training,
   - Dienstleistungen,
   - Online-Produkte (mit persönlichen Anteil) oder
   - Online-Produkte (Selbstlernkurse)?

2. Formuliere deine Ziele für dein Blogbusiness aus.

Anleitung zum Zielesetzen

Als Hilfestellung zur Aufgabe 2 eine „etwas andere" Anleitung zum Zielesetzen:

Schreibe deine Ziele nieder, und zwar in ganzen Sätzen. Stichworte können nichts. In kürzester Zeit hast du vergessen, was du damit gemeint hast. Mit ganzen Sätzen kannst du dich nicht mehr selbst austricksen.

Keine halben Sachen!

Schreibe nicht auf, was du (aufgrund deiner Erfahrungen in der Vergangenheit) nicht mehr willst. Formuliere deine Ziele als den Weg hin zu einem Ergebnis und nicht als einen Ausweg aus einem ungeliebten Umstand.

Schau nach vorn, nicht zurück!

Wenn du deine Ziele formulierst, dann beginne stets mit „Ich" oder „Mein". Du bist im Mittelpunkt deines Zieles und es muss zu deinem Ergebnis werden.

Am Anfang stehst immer du!

Alle deine Ergebnisse, Ziele oder Meilensteine sind stets in der Gegenwart formuliert. Also kein „Ich werde", sondern ein „Ich habe", „Ich tue", „Ich kann" etc.

Sei im Jetzt!

Rede nicht um den heißen Brei herum. Beschreibe den Endzustand, das Ergebnis so genau wie möglich, nur so kann dein Unbewusstes

Drück dich klar aus!

(ja, diese Eso-Sache ...) seinen Job tun und dich beim Ziele-Erreichen unterstützen.

Nagle dich selbst fest! Mache klar: wann! Definiere also einen Zeitplan oder einen Rahmen, wann du startest (am besten jetzt) und wann du dein Ergebnis buchstäblich in den Händen hältst. Kein „irgendwann", sondern ein klares Datum, eine klare Zeitspanne, ein klarer Termin.

Mach dich überprüfbar! Es ist ein Unterschied, ob du sagst: „Ich möchte mit meiner Leidenschaft so viel Geld verdienen, dass ich davon leben kann", oder ob du sagst: „Bei meinem momentanen Lebensstandard brauche ich 2000 Euro im Monat, um mich wohlzufühlen. Das ist mein erster Meilenstein für mein Lifestyle Business." Lege also messbare Ziele fest!

Sei mal ganz ehrlich! Hand aufs Herz: Ist dein Ziel realistisch? Oder ist es ein Traum, ein Luftschloss, etwas Unerreichbares? Ist das Ziel, mit 45 Wimbledon-Sieger zu sein, machbar? Und brauchst du andere, die dich dabei unterstützen? Kläre diese Fragen mit dir selbst.

Und was ist, wenn ...? Es gibt sie, die negativen Begleitumstände beim Erreichen eines Ziels. Barack Obama war klar, dass es negative Aspekte gibt, als er sich das Ziel gesetzt hat: „Ich bin Präsident der Vereinigten Staaten von Amerika". Er wusste, dass sein Leben nie wieder so sein wird wie vorher. Auch deine Ziele gehen mit negativen Aspekten einher. Mache sie dir klar, wäge sie ab, denn sie bremsen dich sonst beim Erreichen deines Ziels aus.

Wie du weißt, ob du angekommen bist: Es gibt genau fünf Möglichkeiten, wie du wissen kannst, dass du dein Ziel erreicht hast: es zu sehen, es zu hören, es zu fühlen, es zu riechen und es zu schmecken. Nur über unsere fünf Sinne kommen Informationen in unseren Kopf. Mach dir klar, woran du dein Ergebnis erkennst.

2.2 Die Nische – das Geheimnis des Erfolges

Nachdem du dir nun Klarheit über dein Businessmodell verschafft hast, machen wir den nächsten Schritt. Du weißt, dass es unglaublich wichtig ist, dich auf dein Businessziel zu konzentrieren und alles, was dir beim Erreichen nicht behilflich ist, wegzulassen. Damit hast du bereits den wichtigsten Faktor eines erfolgreichen Blogbusiness kennengelernt: Fokus.

Erfolgsfaktor Fokus

Es gibt keinen einzigen Bereich in einem Blog- oder Online-Business, bei dem Fokus nicht einen erheblichen Beitrag zum Erfolg leistet. So auch, wenn es darum geht zu definieren: Wovon handelt mein Blog eigentlich? Viele Blogger machen hier einen großen Fehler und definieren lediglich ein Thema, z. B. Lifestyle, Mode, Reisen. Aber ein Thema reicht einfach nicht aus. Denn ein Thema macht mit deinem Blog vor allem eines: Es macht ihn austauschbar.

Eine Nische ist ein Teilbereich eines großen Themas. Die Nische ist (wie schon in der Kapitelüberschrift sehr mutig behauptet) das Geheimnis eines erfolgreichen Blogs und des sich daraus entwickelnden Business.

Es gibt meiner Meinung nach im deutschsprachigen Raum sehr wenige gut gemachte Nischen-Blogs. Ich denke, dass hier noch unzählige Chancen sind, besser: ungenutzt brachliegen. Vermutlich werden jetzt viele die Augenbrauen hochziehen: „Aber hast du nicht gesagt, dass es Tausende Blogs zu Tausenden Themen gibt? Und gibt es nicht noch viel mehr Small-Business-Betreiber, die

Ungenutzte Chancen

online ihr Glück versuchen?" Mag sein, aber das sind nicht die Art Nischen, die mir vorschweben.

Fünf gängige Nischen bzw. Themen

Denn ich beobachte im deutschsprachigen Bereich genau fünf „Nischen" – doch eigentlich sind es eher weitgefasste Themen. Und das finde ich, gelinde gesagt, ein bisschen wenig:

1. **Geld:** Menschen, die im Internet Geld verdienen, erklären anderen Menschen, wie sie im Internet Geld verdienen bzw. ein Business aufbauen. Denn auch mit dem Versprechen „Geld" kann man viel Geld verdienen.
2. **Körper, Fitness, Abnehmen und Co.:** Alle wollen schön, schlank und fit sein, aber kaum jemand sieht tatsächlich so aus. Daher ist bei vielen Menschen ein starker Leidensdruck gegeben, und mit dem Versprechen „Schönheit" kann man viel Geld verdienen.
3. **Partnersuche:** Eine gute, funktionierende Partnerschaft ist ein menschliches Grundbedürfnis und natürlich auch Sexualität. Mit dem Versprechen „Glück zu zweit" kann man viel Geld verdienen.
4. **Persönlichkeitsentwicklung und Co.:** Hier geht es vor allem darum, wie man glücklich, zufrieden und erfolgreich wird. Eine einfache Nische, weil man nur ein paar Bücher über diese Themen lesen muss und schon ist man „Experte" dafür. Mit dem Versprechen „perfektes Leben" kann man viel Geld verdienen.
5. **Reisen und digitales Nomadentum:** Bei dieser besonders bei Jüngeren beliebten Nische geht es um Freiheit, Ausbrechen aus dem Status quo und darum, die Welt zu sehen. Reiseblogs gibt es wie Sand am thailändischen Strand. Mit Freiheit und Unabhängigkeit (oder zumindest dem Traum davon) lässt sich zwar nicht viel Geld verdienen, aber die Idee weckt Sehnsüchte.

Das sind im deutschsprachigen Raum im Großen und Ganzen die Nischen bzw. Themen, auf die sich die (werdenden) Blogger konzentrieren. Ich persönlich finde das sehr einschränkend und sehr,

sehr schade, weil ich glaube, dass es Menschen, die eine Leidenschaft haben, ein bisschen abgeschreckt. Sie denken dann schnell: „Puh, ich bin offenbar der Einzige, der sich für die enge Nische xy interessiert, niemand sonst widmet sich dem, also kann es nicht funktionieren".

Mut zur Nische

Maik Pfingsten betreibt den Podcast „Zukunftsarchitekten" (also quasi einen Blog in Audio-Form) für Ingenieure, und er bedient damit eine kleine Nische, nämlich Systems Engineering & Leadership für mechatronische Entwicklungsprojekte. (Das klingt zweifellos nach einer Nische!) Sein erfolgreichstes digitales Produkt sind sogenannte „Lastenhefte". Ich persönlich habe keinen Plan, was das ist, aber Maik und seine Familie leben sehr gut von diesem digitalen Produkt zu einem Nischenthema, mit dem die meisten Menschen nichts anfangen können. Großes Learning und eine klare Ansage an deinen inneren Zweifler:

Es gibt keine „zu kleine" Nische.

Ein kleiner Gedankensprung: Menschen gehen aus zwei Gründen online, nämlich zur Unterhaltung oder weil sie ein Problem haben, für das sie Lösungen suchen. Und wie bereits erklärt haben wir Menschen nur zwei Probleme: Entweder wir haben etwas, was wir nicht wollen, oder wir wollen etwas, was wir nicht haben.

Und mit dieser Motivation gehen Menschen ins Internet und befragen das große Orakel Google, und sie stellen dazu sehr spezifische Fragen. Genauso spezifisch muss deine Antwort darauf und damit dein Angebot sein. Denn – und das ist eine alte Marketingweisheit – wenn ich eine zu große Zielgruppe habe, wenn ich alle ansprechen möchte, dann werde ich niemanden erreichen.

Sehr spezifische Fragen

Ein Beispiel für eine richtige Nische

Nehmen wir mal das sehr breite Thema „Autos": Egal, ob Auto-freaks oder Menschen, die das Auto lediglich als Fortbewegungs-mittel sehen, viele Menschen setzen sich mit diesem Thema aus-einander. Das ist großartig – viele Menschen interessieren sich dafür und geben Geld aus. Ein tolles Thema. Machen wir daraus nun eine Nische.

Innerhalb des großen Bereichs „Interesse an Autos" adressieren wir nun die Menschen, die von Autos begeistert sind, und schlie-ßen somit die „Vernunftmenschen" aus (das nennt sich Demarke-ting – dazu später mehr). Nach wie vor sprechen wir viele, ja sehr viele Menschen an.

Nun widmen wir uns aber nicht den neuesten Modellen, die auf den Markt kommen, sondern unser Steckenpferd sind Oldtimer, und zwar Oldtimer aus den 50er- und 60er-Jahren des letzten Jahr-hunderts.

Fans von Oltimern aus den 50er-Jahren gibt es zweifellos eine gan-ze Menge. Aber wir wollen nicht die Autos, die in Europa in dieser Zeit produziert wurden, sondern konzentrieren uns auf die Ami-Schlitten, also die großen 50er- und 60er-Jahre-Schlachtschiffe, die Oldsmobile und Buick damals hergestellt haben.

Nun grenzen wir das Ganze sogar noch einmal ein und nehmen uns nur die Sparte der Geländewagen her.

Obwohl wir jetzt sehr spezifisch geworden sind, denke ich, dass es auf der Welt noch immer viele Menschen gibt, die US-Geländewa-gen aus den 50er- und 60er-Jahren spannend finden. Gratulation. Feuerwerk. Frenetischer Jubel. Wir haben eine Nische gefunden!

Vorteile kleiner Zielgruppen Zwar ist die Zielgruppe viel kleiner geworden, doch dafür wissen wir auch ganz genau, wo wir unsere Zielgruppe abholen, bzw. unsere Zielgruppe hat das Gefühl, dass wir definitiv sie ansprechen. Wir können uns den Problemen der Zielgruppe viel, viel besser widmen, als es mit einem bloßen „Hier schreibt ein Experte für Autos" möglich gewesen wäre. Denn eine so umfassende Expertise hätte uns zum einen keiner abgenommen, zum anderen ist das Themenfeld viel zu groß. Vermarktbar und vor allem authentisch lässt sich behaupten, „Ich bin ein Experte für 5oer-, 6oiger-Jahre-Geländewagen aus den USA". Das funktioniert.

Weitere Beispiele	
Thema:	**Nische:**
Kochen und Backen	Vegane Cupcakes selber machen
Klassische Musik	Barockopern aus dem 16. & 17. Jahrhundert
Finanzen	Geld anlegen durch passives investieren mit ETFs
Online Geld verdienen	Einen Amazon-Kindle-Bestseller landen und damit Geld verdienen
Pflanzen	Bonsais züchten
Persönlichkeitsentwicklung und Erfolg	Das Hamsterrad verlassen, die eigene Berufung finden und damit ein Blogbusiness aufbauen

Warum ist die Nische so wichtig?

Wie schon erwähnt, geht es darum, dein Publikum punktgenau zu erreichen und in deinem spezifischen Thema die Expertenstimme Nummer eins zu werden. Eine Nische erleichtert dieses Vorhaben merklich.

Auf die Gefahr hin, mich zu wiederholen: Ein neuer Blog ist eine von Millionen Webseiten. Wenn dein Blog sich nicht ganz gezielt um eine Nische kümmert und du nicht ganz gezielt bestimmte Menschen ansprichst, dann hat niemand auf dich und deinen Blog gewartet. Herausragend macht dich erst die Nische.

Die Nische erleichtert dir deine Arbeit in folgenden Bereichen:

■ beim Starten, weil du gezielt und sehr treffsicher bestimmte Menschen ansprechen und sie genau dort abholen kannst, wo sie sind.

■ beim Binden deiner Leser, weil den Lesern klar ist, dass du genau sie ganz gezielt ansprichst.

■ beim Erstellen deines Contents, weil du dich nicht mit einer schier unüberschaubaren Fülle an Inhalten, Daten und Fakten auskennen musst, sondern nur mit einem Teilbereich.

■ beim Entwickeln deiner Produkte und Dienstleistungen und bei deren Vermarktung, weil du (ähnlich wie beim Binden der Leser) genau die richtigen Produkte und Dienstleistungen anbieten kannst

■ Beim Aufbau von Image, Status und Bekanntheit, weil dein Expertenwissen im Bereich einer Nische authentisch und glaubwürdig ist.

Der wichtigste Vorteil der Nische besteht darin, dass sie dir beim Aufbau von Image und Status hilft. Ich persönlich finde es generell nicht sehr authentisch, wenn Menschen, die sich in irgendeiner Form vermarkten, offenbar eine ganze Menge Fähigkeiten und Kompetenzen in sich vereinen – also scheinbar irgendwie alles können.

Eierlegende Wollmilchsau? Selbst dann, wenn du wirklich viele Talente hast, empfehle ich dir, dich in der Anfangsphase auf eine Sache zu beschränken. Vor allem in der Positionierungsphase ist es wichtig, sich auf eine Sache zu konzentrieren, da es darum geht, dein Image aufzubauen und deinen Expertenstatus zu etablieren. Die eierlegende Wollmilchsau nimmt dir eben keiner ab! Konzentriere dich stattdessen auf eine Sache, und in weiterer Folge kannst du ja weitere Bereiche dazunehmen.

Ich war vor meiner Blogging-Zeit auch ein wenig im Social-Media-Bereich tätig, das heißt, ich beriet ein Kleinunternehmen zum Thema Facebook & Co. Auch mein Marketing-Know-how ist relativ umfangreich. Wäre ich aber als Social-Media-Experte aufgetreten und hätte gleich behauptet: „Ich kann mich auch um dein Newsletter-Marketing kümmern, und natürlich organisiere ich auch den Dreh eines kleinen Image-Videos für deine Webseite, und ein Experte für das Schreiben von Texten bin ich auch noch!", dann hätte ich wohl kaum den Social-Media-Auftrag bekommen. Sobald aber der Social-Media-Auftrag in trockenen Tüchern war und – ganz wichtig – das Vertrauen aufgebaut war, konnte ich darauf hinweisen, dass ich noch weitere Dienstleistungen abdecken konnte.

Wie findest du deine Nische?

Wenn du noch immer denkst: „Mit meinem Spezialwissen, da kann man kein Geld verdienen", oder noch viel schlimmer: „Mein Spezialwissen, das ist nichts Besonderes", dann verabschiede dich von diesem Gedanken. Denn jeder, der ein Spezialwissen hat, ist etwas Besonderes. Nur für dich selbst ist es natürlich nichts Besonderes, dass du in diesem Bereich so gut bist und so viel weißt, denn du hast dir dieses Wissen ja über viele Jahre angeeignet.

Spezialwissen ist etwas Besonderes

Stelle dein Licht also nicht unter den Scheffel und mache dich nicht kleiner, als du bist, sondern akzeptiere, dass du in einem bestimmten Teilbereich, mit einer bestimmten Kompetenz, einer bestimmten Fähigkeit wirklich herausragend bist.

Kommen wir jetzt also zu deiner Nische, dem Bereich, von dem du sagst: „Okay, daraus könnte ich vielleicht einen Blog und ein Business aufbauen und selbst zur Marke werden." (Kleine Anmerkung: Auch wenn du bereits ein Offline-Business betreibst, ist es sinnvoll, dich in deinem Blog anfänglich auf eine Nische zu konzentrieren, weil du so online leichter Menschen ansprichst. Online ticken die Uhren nämlich ein wenig anders.)

Hast du eine Leidenschaft? Als Erstes eine wichtige Frage: Hast du eine Leidenschaft? Hast du etwas, das dich fasziniert, wofür du brennst, von dem du sagst, dass du es gerne den ganzen Tag machen würdest – sogar ohne einen Euro dafür zu bekommen? Falls deine Antwort „Ja" lautet, dann, und das verspreche ich dir, gibt es auch eine Möglichkeit, das in irgendeiner Weise zu monetarisieren.

Wenn du dir jetzt denkst: „So etwas habe ich nicht, vor allem nichts Besonderes, aus dem man ein Business machen könnte", dann mach einfach mal ein Brainstorming, schreib auf, welche Hobbys und Interessen du seit Langem hast, und überlege, ob es ein Spezialwissen gibt, ob du auf Grund deiner beruflichen Erfahrungen der letzten Jahre irgendeinen Bereich hast, in dem gut, sogar außerordentlich kompetent bist. Oder frage dich einfach, falls du gerade im Büro sitzt: Was würdest du jetzt eigentlich lieber tun? Die folgende Checkliste hilft dir dabei, deine Nische zu finden und damit auch dein Blogthema.

· ·

Aufgaben

1. Mach ein Brainstorming, um deine Nische zu finden. Frag dich selbst:
   - ▨ Was hat mich schon als Kind fasziniert?
   - ▨ Welche Bücher, DVDs etc. finden sich bei mir zu Hause?
   - ▨ Wohin steuere ich immer in einer Buchhandlung?
   - ▨ Habe ich ein Hobby, das das Potenzial hat, in einem Blog behandelt zu werden?
   - ▨ In welchen Bereichen fragen mich Freunde, Verwandte oder Kollegen um Rat?

2. Mach dir eine Liste mit Nischen und Blogthemen, die für dich infrage kommen.
3. Mach eine Web- und Blog-Recherche zu den Themen auf deiner Liste.

4. Grenze die Auswahl weiter ein, verwerfe aber keine Idee nur deshalb, weil die Nische schon besetzt ist. (Denn wenn schon jemand die Nische besetzt hat und sogar schon damit Geld verdient, dann ist das eine gute und keine schlechte Nachricht.)

Detaillierte Fragen zur Bestimmung der Nische:
- Was begeistert dich am meisten innerhalb deines Themas?
- Gibt es einen Teilbereich, in dem du schon jetzt Experte bist?
- Kannst und willst du über dein Thema die nächsten Jahre mindestens einmal pro Woche schreiben?
- Womit beschäftigst du dich schon dein ganzes Leben lang, ohne dass das Interesse nachlässt?
- Findest du bereits etwas zu diesem Thema und dieser Nische auf Google, Facebook, YouTube oder iTunes?
- Gibt es Menschen, die bereits jetzt Geld für dieses Thema ausgeben?
- Sagt dir Google Trends, dass das Thema stabiles oder wachsendes Interesse erfährt?
- Wie viele andere Blogs (egal in welcher Sprache) widmen sich dem Thema oder gar deiner Nische?
- Ist deine Nische groß genug? (Der Keyword-Planer von Google teilt dir mit, ob und wie viele Menschen nach deinem Thema suchen. Mehr dazu im Online-Bonus-Bereich.)
- Ist dein Thema zu weit gefasst? (Genauer: Hat das Thema mehr als sieben Unteraspekte, die dir wichtig erscheinen?)
- Verstehst du etwas von diesem Thema?
- Bist du authentisch und kongruent, wenn es um dieses Thema geht? Glaubt man dir, dass du das kannst?
- Hat das Thema Breitenwirkung und Wachstumspotenzial?
- Haben die Menschen, die du ansprechen möchtest, Geld?
- Sind die Menschen bereit bzw. daran gewöhnt, für das Thema Geld auszugeben?
- Verdient schon jemand Geld mit diesem Thema?

2.3 Leseravatar und Zielgruppe

Businessmodell? Check! Thema & Nische? Check! Jetzt kümmern wir uns darum, für wen du deinen Blog schreibst. Im alten Marketing sagt man dazu „Zielgruppe". Gemeint ist dein Publikum, die Menschen, die deinen Blog lesen (sollen).

Zur Erinnerung nochmal die schlechten Nachrichten: Niemand braucht eine weitere Webseite. Niemand wartet auf deinen Blog, auf deine Artikel, auf deine Produkte. Genauer gesagt: Deine Leser und Kunden wissen es einfach noch nicht. Denn wenn du sie jetzt fragen könntest, würde wohl keiner von ihnen sagen: „Ja, ich will unbedingt Woche für Woche Blogartikel zum Thema Orchideenzucht lesen, und natürlich kaufe ich auch sofort einen Online-Kurs dazu." Aber es gibt auch eine gute Nachricht:

Es ist völlig egal, ob die Menschen auf deinen Blog warten.

Henry Ford hat einmal gesagt: „Wenn ich die Menschen gefragt hätte, was sie wollen, hätten sie gesagt: schnellere Pferde." Und wenn er den Menschen das gegeben hätte, von dem sie glaubten, dass sie es wollen, dann gäbe es keine Autos!

Gar nicht erst fragen

Oder denkst du, dass man Didi Mateschitz gedrängt hat, ein süßes Getränk aus Fernost zu importieren, weil irgendjemand davon überzeugt war, dass daraus mal Red Bull, das Kultgetränk schlechthin, wird? Glaubst du, dass irgendjemand Steve Jobs angebettelt hat, einen kleinen Kasten zu bauen, in den 5000 Songs passen? Vermutlich hätten alle gesagt: „5000 Songs? Wofür das denn?

Ich höre ein Album. Da sind 12 drauf. Das reicht." Kein iPod. Kein iTunes. Kein iPhone. Kein iPad. Doch Steve Jobs hat nie gefragt. Keine Marktforschung. Keine Fokusgruppen. Wie Henry Ford hat er einfach losgelegt.

Natürlich sind das herausragende Beispiele, aber auch wenn du die Success Stories aus diesem Buch hernimmst, dann würden all diese erfolgreichen Blogger das Folgende unterschreiben: „Wenn ich gefragt hätte, ob ich das tun soll, dann hätten alle gesagt: Lass das mal lieber."

Die Wahrheit ist: Deine zukünftigen Leser warten doch auf deinen Blog – nur wissen sie es noch nicht. Sie warten darauf, dass endlich jemand kommt und ihnen das gibt, wovon sie noch gar nicht wussten, dass sie es brauchen, dass sie es wirklich wollen, dass es das überhaupt gibt.

So definierst du dein Publikum

Ähnlich wie in den letzten Kapiteln definierst du deine Leserschaft, indem du Fragen beantwortest. Das hat den Sinn, dass du dir dabei noch intensiver überlegst, was deiner Zielgruppe unter den Nägeln brennt, was deine Leser brauchen und wie du es ihnen auf deinem Blog geben kannst, das heißt, wie du sie unterstützt. Je besser du deine Leser kennst, umso mehr werden sie deinen Blog als nützlich empfinden, wiederkommen, empfehlen, teilen, liken etc.

Wichtig ist: Das Kennenlernen deiner Leserschaft ist nach der Bearbeitung dieses Kapitels noch nicht beendet, sondern es ist ein fortwährender Prozess für jeden Blogger. Wer weiß, was die Leser wollen, kann ihnen das auch liefern. Es geht beim Bloggen nicht nur darum, „aus dir selbst heraus" zu schreiben (wobei deine Persönlichkeit natürlich wichtig ist – deswegen kommen die Leser ja auf deine Seite), sondern auch darum, mit deiner Kompetenz, deinen Fähigkeiten und deiner Erfahrung die Probleme deiner Leser zu lösen.

Bevor es losgeht, noch ein Gedanke: Der Großteil deines zukünftigen Publikums ist bereits online unterwegs. Sie versuchen
bereits jetzt, ihre Probleme online zu lösen, nur eben nicht auf
deiner Webseite. Überlege dir, wo sie jetzt sind und wie du
sie von A (ihr aktueller Ort im Netz) nach B (deine Webseite)
holen kannst.

Die Basics

Auch wenn die demografischen Informationen bei einem Online-Business lange nicht so wichtig sind wie bei einem Offline-
Business bzw. lokalen Business besteht der erste Schritt darin,
folgende Eckdaten zu definieren:

- Alter
- Geschlecht
- Einkommen
- Ausbildung
- Wohnort(e)
- Familienstand
- Medienkonsum
- Freizeitverhalten & Interessen

Wichtig ist, dass du bei all den verschiedenen Methoden, deine
Leserschaft zu definieren, immer den aktiven Part übernimmst.
Das bedeutet, dass du selbst entscheidest, welche Menschen du
ansprechen willst. Es kommt nicht darauf an, welche Zielgruppen aufgrund von Statistiken und Marktdaten lukrativ oder attrak-
tiv erscheinen. Wenn du dich nur auf Frauen konzentrieren willst
– tu das. Wenn es nur Akademiker sein sollen – feel free. Wenn du
nur Paare als Leser und Kunden willst – go for it. Das spannende
ist: Die Verbindung von Nische und idealem Leser ergibt eine noch
klarere Positionierung.

Hier ein kleines Beispiel: Angenommen, du schreibst einen Blog
über Finanzen, genauer gesagt darüber, wie man Geld erfolgreich,
gewinnbringend und weitgehend risikolos anlegt. Das an sich

könnte – wenn du dich bestimmten Werkzeugen und Methoden widmest – schon eine Nische sein.

Noch klarer wird es aber, wenn du festlegst, dass du dich z. B. nur um junge Familien kümmern möchtest, also um alles, was junge Familien rund ums Thema Geldanlegen interessiert.

Versetze dich mal in die Lage eines jungen Familienvaters. Er kommt auf einen Blog und liest: „Hier erfährst du alles über Geldanlegen!" Oder aber, er kommt auf einen Blog und liest dort: „Hier erfährst du alles über Geldanlegen für junge Familien!" Was denkst du? Wo bleibt er hängen? Wo liest er weiter? Wo denkt wer sich: „Oh, genau das habe ich gesucht"?

Das Thema bzw. die Nische auf eine klar definierte Zielgruppe abzustimmen, macht es dir und deinen Lesern und Kunden einfacher.

Im nächsten Schritt geht es um die Motive deiner Leser. Wir bauen uns quasi nach und nach den perfekten Leser zusammen. Im Marketing wird dieser auch „Kundenavatar" oder „Persona" genannt. Frage dich jetzt, welche Motive und Wünsche deine Leser antreiben, wenn es um dein Thema geht.

Die Motive deiner Leser

Mögliche Motive

Es gibt eine ganze Reihe von Motiven, die dahinterstehen können, wenn jemand deinen Blog liest und dann auch dein Kunde wird:

- **Angst & Kontrolle:** Diese Leser wollen eine Angst loswerden oder etwas, das nicht unter ihrer Kontrolle ist, wieder in den Griff bekommen. Die Nische „Selbstvertrauen" würde z. B. ideal zu diesem Motiv passen.

- **Gier & Neid:** Hier geht es ganz eindeutig darum, von irgendetwas mehr zu bekommen. Für alle Blogs, die sich ums Geld drehen, sind das interessante Motive der Leser (auch wenn diese Motive nicht gerade als positiv gelten).
- **Selbstwert, Eitelkeit & Stolz:** Ein sehr „egolastiges" Motiv! Vermutlich sprechen es viele Mode-, aber auch Fitness-Blogs an.
- **Lustgewinn:** Dazu passen alle Inhalte, die deine Leser genießen können. Koch- und Backblogs stehen hier mit Sicherheit ganz weit vorne.
- **Faulheit & Orientierung:** Alle Blogs, die etwas erklären, sodass die Leser dadurch Zeit und/oder Geld sparen, zielen auf diese Motive ab.
- **Freiheit:** Alle Webseiten, die irgendeine Art von Freiheitsgewinn versprechen, fallen darunter: von Reisen über alternative Bildungsformen bis zur Befreiung aus beruflichen oder auch privaten Zwängen.
- **Soziale Kontakte:** Dating, Partnerschaft, Beziehung etc. sind Blogthemen, die sich vor allem dem menschlichen Bedürfnis nach sozialen Kontakten widmen.

Die Mokassins-Methode

Es gibt das indianische Sprichwort: „Urteile nie über einen anderen, bevor Du nicht einen Mond lang in seinen Mokassins gegangen bist". Für mich ist es ein erheblicher Unterschied, ob ich mich in mein Publikum nur „reindenke" oder ob ich einfach weiß, wie es ihnen geht, was sie brauchen und was ihnen unter den Nägeln brennt, weil ich es selbst erlebt habe.

Bei der Mokassins-Methode geht es darum, zu zeigen (nicht nur zu behaupten), dass du die Probleme deines Publikums kennst, selbst erlebt hast und auch lösen kannst. Es genügt also nicht, sich einfach nur „reinzudenken" und dem Spruch „Kenne deine Zielgruppe" zu folgen. Du kennst vielmehr die Welt deines Publikums, weil du selbst dort warst, steigst wieder in diese Welt ein und holst dein Publikum von dort ab.

Diese Methode ist tatsächlich in jeder Branche anwendbar, egal ob es um Toilettenpapier, MP3-Player, Schmuck oder persönliche Weiterentwicklung geht. Ein Produkt löst immer ein Problem oder befriedigt ein Bedürfnis oder ein Motiv. In meinem Artikel „Ruf zum Abenteuer" (Link im Bonus-Bereich) setze ich das auf meine Art um. Ich erkläre nicht, dass ich weiß, wie es meinen Lesern geht, sondern ich beschreibe detailliert eine Situation, in der sie sich wiedererkennen können.

Nicht behaupten, sondern zeigen

Ein gutes Indiz dafür, dass du auf dem richtigen Weg bist, ist ein entsprechendes Feedback deiner Leser. Als Beispiel folgen ein paar Kommentare meiner Leser zum eben erwähnten Artikel:

„Hi Markus, mit diesen neuen Punkten triffst du bei mir den Nagel auf den Kopf – aua."
„Hallo Markus, genau auf den Punkt getroffen!"
„Hallo Markus, ich kann nur sagen, alle Neune! Danke, dass du so schonungslos und authentisch die Dinge beim Namen nennst."
„Hallo Markus, ich finde mich in sehr vielen Punkten wieder."
„Hey Markus, super Artikel. Auch ich erkenne mich in etlichen Punkten wieder."
„Lieber Markus, es ist eine Freude, deine Beiträge zu lesen. Ach, wie man sich darin wiederfindet!"

Die Avatar-Methode

Eben ging es darum, in die Welt deines Publikums einzutauschen – doch auch der umgekehrte Weg führt zum Ziel. Du schaffst dir quasi dein „Wunschpublikum".

Wenn Schriftsteller oder Drehbuchautoren einen Charakter für ein Buch oder einen Film schaffen, dann beschäftigen sie sich lange Zeit damit, diesen Charakter mit allen Details zu erfinden. Sie bestimmen also nicht nur, wie sie oder er aussieht, sondern auch Lebenslauf, Stärken, Schwächen, Ängste, Macken, Wünsche, Fähigkeiten, Verhaltensweisen, Werte und vieles mehr. Es wird ein kompletter „Mensch" erschaffen.

Dein idealer Kunde   Diese Methode kannst du einsetzen, um deinen „idealen Kunden", also deinen Kundenavatar zu erschaffen, und dir ab sofort vorstellen, dass du all deine Kommunikation (klassische Werbung, Artikel, Social Media, PR etc.) für diesen einen Menschen erstellst, der zwar fiktiv ist, den du aber sehr gut kennst. Dadurch kommt es zu einer spannenden Entwicklung: Es werden sich nämlich Menschen, die deinem „idealen Kunden" sehr nahekommen, nahezu wie von selbst von deiner Kommunikation angesprochen fühlen, weil sie sich darin wiederfinden.

Die Former-Life-Methode

Hier geht es um eine Weiterentwicklung der Mokassins-Methode: Du warst dort, wo deine Leser jetzt sind. Nun bist du einen Schritt weiter, hast mehr Wissen, mehr Erfahrung, hast die Probleme, die deine Kunden und Leser jetzt haben, bereits gelöst und auch eine gute wiederholbare Lösung für andere parat.

Damals, als du keine Antworten hattest   Nun gilt es, sich zu erinnern, wie es damals war, als du noch keine Antworten hattest. Vor welchen Hürden standest du, die dir heute fast lächerlich vorkommen? Auf welche Fragen hast du dir eine Antwort gewünscht? Denke zurück an konkrete Lebenssituationen, in denen du genau das Wissen, das du jetzt hast, oder deine heutige Erfahrung gebraucht hättest. Ich z. B. hatte selbst jahrelang Jobs, die mir keinen Spaß gemacht haben und die ich gehasst habe. Ich kann mich an unzählige Situationen erinnern, in denen ich Antworten gesucht habe und keine Ahnung hatte, woher ich diese Antworte nehmen sollte.

Auch hier gilt: Das funktioniert ausnahmslos bei jedem Thema! Liefere das, was du gebraucht hättest, als du selbst am Anfang standest. Beantworte die Fragen, die dir niemand beantwortet hat.

Allerdings erwartet dich hier eine kleine Falle: All das, was du heute kannst und weißt, all dein Wissen rund um dein Blogthema ist für dich heute selbstverständlich und nichts Besonderes mehr. Hab deshalb keine Angst, auch die vermeintlich banalsten Fragen zu beantworten, auch wenn du dir heute kaum noch vorstellen kannst, dass es da draußen Menschen gibt, die das nicht wissen.

Spule auf deiner Zeitleiste ein gutes Stück zurück und fühle dich wieder ein, wie es war, als du noch keine Antworten hattest. Als nur Fragezeichen in deinem Kopf waren. Für genau die Menschen, die heute Fragezeichen im Kopf haben, schreibst du deinen Blog.

Die Demarketing-Methode

Der letzte Schritt zur Definition deines Publikums besteht darin, auch eindeutig festzulegen, wer deinen Blog nicht lesen soll, wen du nicht ansprechen willst. Mach dir klar, welche Bereiche deines Themas du nicht abdeckst und welche Personengruppen du nicht adressierst. Gründe dafür gibt es viele, und du kennst sie selbst am besten.

Setze dich also nicht unter den Druck, alle ansprechen zu müssen, es allen recht machen zu müssen oder innerhalb deines Themas alles abdecken zu müssen. Ganz im Gegenteil: Die Nischenfindung und Zielgruppendefinition sind genau dazu da, dass du eben nicht in diese Eierlegende-Wollmilchsau-Falle tappst.

Dazu solltest du dir klar machen, was du nicht tust. Ja, vielleicht solltest du sogar überlegen, wie du Menschen abschrecken kannst, die du nicht unter deinen Lesern haben möchtest. Man nennt das

Aktives Ausschließen

Demarketing, also das aktive Ausschließen von Menschen aus deiner Zielgruppe. Genauso wie du den idealen Leser definierst und dir überlegst, wie du ihn ansprichst, ist es auch sinnvoll, dir zu überlegen, wer dein „Anti-Leser" ist und wie du ihn loswirst.

Dazu kannst du ein Manifest formulieren und designen (Link im Online-Bereich), das dir auch dabei hilft, zu definieren, was für dich einfach gar nicht geht. Nicht vergessen: Ein Blogbusiness hat viel mit deiner Passion zu tun, und da kann man sich auch mal ganz klipp und klar gegen etwas entscheiden.

Aufgaben

Um das Ganze abzurunden, hier noch ein paar Fragen, damit du in die richtige Stimmung kommst, um deinen idealen Leser in deinem Kopf zusammenzubauen:

1. Wobei brauchen meine Leser Hilfe bzw. Unterstützung?
2. Wovor haben sie Angst?
3. Wen oder was bewundern sie?
4. Welche Träume haben sie, die sie vielleicht gar nicht aussprechen wollen?
5. Was ist das Worst-Case-Szenario für meine Leser?
6. Was bedauern meine Leser?
7. Woran sind sie gescheitert?
8. Was bringt sie zum Lachen?
9. Was lesen meine Leser sonst noch? Welche Medien konsumieren sie?
10. Welchen Mythen und Missverständnissen erliegen sie?
11. Was denken sie momentan über das Thema meines Blogs?
12. Was ist ihr Alltagsfrust und was erzeugt den größten Leidensdruck?

Beispiel: Das Leserprofil von MarkusCerenak.com
(Stand Januar 2013, mittlerweile mehrfach angepasst)

Meine Leser sind in einem Hamsterrad. Manchen fällt das nicht auf. Viele haben Angst.

Meine Leser brauchen eine Welt, die ihnen nicht pausenlos das Gefühl gibt, nicht gewinnen zu können. Sie wollen einfache Lösungen und sie wollen Hoffnung, dass es auch anders geht. Sie wollen Wohlstand und Zufriedenheit. Und sie wollen aufhören zu jammern und selbstbestimmt sein. Sie brauchen nur Hilfe, um herauszufinden, wohin sie schauen sollen. Sie müssen die Augen öffnen und die Scheuklappen ablegen, ohne alles über Bord zu werfen.

Meine Leser haben Angst, ihren Status zu verlieren. Sie haben Angst, nicht anerkannt zu sein und soziale Ächtung zu erfahren. Vor allem aber haben sie Angst davor, was passiert, wenn sie die Dinge einmal anders machen. Sie haben Angst, den Job zu verlieren, die Sicherheit, die Freunde, den Partner. Sie leiden lieber, als zu handeln.

Meine Leser lieben Menschen, die es geschafft haben. Sie beneiden jene, die sich nicht für dumm verkaufen lassen, den eigenen A**** hochkriegen und etwas tun. Sie beneiden den Mut und die Entschlossenheit.

Die Träume sind klar, werden aber nicht ausgesprochen, weil es sich nicht gehört: einfach zu Geld, Wohlstand und Zufriedenheit zu kommen, ohne viel Aufwand, ohne Konvention. Und sie wollen zuerst an sich denken, haben aber Angst davor, es sich einzugestehen.

Sie bedauern, den normalen Weg eingeschlagen zu haben, obwohl sie früher große Träume hatten.

Sie scheitern regelmäßig am Status quo, am Alltag, an der Normalität und den Glaubenssätzen dabei. Sie scheitern vor allem aber an ihrer Selbstdisziplin.

Sie haben Spaß am subtilen Humor, der manchmal sarkastisch und tiefsinnig, nie aber gewöhnlich oder zu schwarz ist. Es gibt Dinge, die finden sie nicht mehr lustig. Und es gibt viele Dinge, bei denen sie sich unverstanden fühlen!

Sie sind Menschen mit Lifestyle und Zeitgeist. Sie achten auf Statussymbole, Geld, Spaß, Urlaub, Erlebnisse. Sie beschäftigen sich aber mehr mit dem Leben und mit ihrer Persönlichkeit als mit Politik.

Die Konventionen sind klar: Es geht nicht so leicht, wie man es sich wünscht. Alles nicht so einfach. Ich muss hart arbeiten, ich muss etwas leisten. Ich darf nicht versagen! Die ersten Gedanken sind: So leicht geht das nicht. Ich glaube nicht daran, dass es anders funktioniert. Was der Bauer nicht kennt, das frisst er nicht, und ich habe keine Zeit für diese Art von Experimenten.

Success Story 3: Vom Sozialpädagogen zum Selbstmanagement-Guru

(Thomas Mangold, Selbst-Management.biz)

Im obersten Stockwerk des Wiener Hotels „25 Hours" gibt es ein sehr cooles Restaurant. Auf der Terrasse hat man einen tollen Blick Richtung Rathaus und Volksgarten, das ganze Wiener Zentrum liegt einem quasi zu Füßen. Ich dachte mir nichts Besonderes dabei, als sich ein gewisser Thomas Mangold, ebenfalls Blogger aus Wien, mit mir dort treffen wollte.

Nach rund fünf Minuten Plaudern kamen wir dahinter, dass wir unsere Kindheit nur einen Steinwurf voneinander entfernt im dritten Wiener Bezirk verbracht hatten. Wir sind beide nahezu gleich alt, und trotzdem sind wir uns niemals über den Weg gelaufen. Es war aber klar, hier sprechen zwei dieselbe Sprache, und nach nur einem Kaffee (und vielleicht ein oder zwei Bier) war eine neue Freundschaft geschlossen.

Bloggen macht dich nicht nur erfolgreich, sondern bringt auch wirklich liebenswerte und spannende Menschen in dein Leben. Thomas hatte zu diesem Zeitpunkt auch gerade seinen Blog und Podcast gestartet und wollte sich mit mir austauschen. Heute gehört er zu meinen engsten Freunden und Geschäftspartnern.

Thomas Mangold ist – oder vielmehr war – Sozialpädagoge. In betreuten Wohneinrichtungen der Stadt Wien kümmerte er sich um Kinder und Jugendliche, die aus verschiedensten Gründen nicht zu Hause wohnen können.

„Ich liebe die Arbeit mit Kindern, wollte aber schon recht bald zusätzlich etwas Eigenes erschaffen."

Eine von Thomas' großen Leidenschaften ist Sport, genauer gesagt Fußball. Er war schon als Fußball- und Mentaltrainer tätig und hat somit (im Vergleich zu vielen selbsternannten Experten) durchaus Ahnung von diesem Metier. Also startete er einen Fußball-Blog, und der war, gelinde gesagt, nicht gerade der große Erfolg. Kein Wunder, ist doch Fußball nicht unbedingt die Sportart, für die wir Österreicher bekannt sind.

„Das Ganze hat mir super Spaß gemacht, aber ich wollte etwas aufbauen, womit ich auch Geld verdienen konnte. Vielleicht sogar davon leben."

Also orientierte sich Thomas um. Er tat etwas, das ich auch immer empfehle, wenn es um das Finden der eigenen Leidenschaft oder des Blogthemas geht: Er warf einen Blick in sein Bücherregal.

„Mir wurde klar, dass sich darin unglaublich viele Bücher rund um Selbstmanagement, Zeitmanagement und Co. befinden, und so entschied ich mich spontan für diese Nische. Denn von diesem Thema kann ich eigentlich nie genug bekommen. Ich wollte nicht nur darüber schreiben, sondern einfach immer mehr darüber erfahren."

So startete er den Blog „Selbst-Management.biz" und stürze sich in „sein" Thema.

„Mir war wichtig, dass ich alles, worüber ich schreibe, auch wirklich selbst ausprobiert habe. Meine Leser sollten wirklich authentische Infos bekommen."

So kam es, dass Thomas auch einige Blogartikel über sein Lieblingstool Evernote schrieb, eine Art Online-Notizbuch, mit dem Thomas de facto sein ganzes Leben managt. Das Feedback seiner Leser war hervorragend, immer mehr Fragen zu seinen Strategien rund um Evernote wurden an ihn gerichtet. So beschloss Thomas, wieder spontan, ein Kindle-Buch über Evernote zu schreiben. Beflügelt von seiner Leserschaft wurde das Buch ein Bestseller. Seitdem ist Thomas der Evernote-Experte schlechthin und nach wie vor ganz oben bei Amazon, wenn es um Evernote geht.

Weitere Türen öffneten sich (vgl. Kapite. 1.3) und er entwickelte zusätzlich zu den Kindle-Büchern auch Online-Videokurse, zuerst zum Thema Evernote (Evernote für Finanzen, Evernote für Blogger) und dann auch zu anderen Selbstmanagement-Themen (Aufschieben, Entrümpeln, Minimalismus).

„Der Blog hat de facto diese Aufbauarbeit für mich getan. Nach einige Jahren im Online-Business fällt mir auch kein anderes Instrument ein, das so schnell und vor allem ohne Geldmittel diese Promotionwirkung erzielt hätte."

Typisch für Thomas war der Plan, an seinem 40. Geburtstag seinen Job an den Nagel zu hängen und nur noch von seinem Blog und allem drumherum zu leben. Du ahnst es schon: Natürlich hat das geklappt! Thomas hat sich innerhalb von drei Jahren nicht nur ein zweites stabiles finanzielles Standbein aufgebaut, sondern kann davon nun auch sehr gut leben. Und das nur, weil er einen genauen Blick in sein Bücherregal geworfen hat.

2.4 Blog- & Small-Business-Marketing

Rund 15 Jahre hab ich in Arbeitsbereichen verbracht, die auf den ersten Blick viel mit Marketing zu tun hatten. Auch mein Studienschwerpunkt war Werbung, ich habe in Werbeagenturen, Marketing- und PR-Abteilungen gearbeitet, war im Verlags-, Kultur- und Eventmarketing tätig, aber erst als ich mein Blogprojekt aus der Taufe hob, wurde mir klar, was richtiges Marketing eigentlich ist.

Marketing ist nichts anderes, als sich von „austauschbar" zu „herausragend" zu entwickeln. Es geht darum, in die Köpfe der Menschen zu gelangen und dort etwas zu hinterlassen, das Bestand hat, das bleibt. Und sobald es darum geht, dass Menschen von Interessenten zu Kunden werden, soll bei diesen Menschen eine kleine Glocke läuten und sie daran erinnern, dass sie doch in diesem Zusammenhang mal etwas Herausragendes gesehen, gehört, gelesen haben.

Von „austauschbar" zu „herausragend"

Auf den ersten Blick scheint Bloggen mehr mit Journalismus, also mit Schreiben, zu tun zu haben und weniger mit Werbung und Marketing. Doch das ist ein Trugschluss. Ein guter Schreiber ist noch lange kein guter Blogger. Und ein guter Blogger ist noch lange kein erfolgreicher Blogger.

Denn all das, was du auf deinem Blog veröffentlichst, bleibt ungesehen, ungelesen, ungehört, wenn du es nicht promotest und vermarktest. Ja, auch kostenloser Content wie Blogartikel und Co. müssen vermarktet werden, und zwar gut. Denn Tag für Tag gibt es mehr davon, und alle rufen: Lies mich! Lies mich!

Wofür Marketing?

Marketing ist also unverzichtbar – und zwar nicht das Marketing, das in BWL-Vorlesungen gelehrt wird, sondern solches, das funktioniert. Nur wofür dient Marketing im Besonderen beim Bloggen?

Inhaltliche Positionierung: Die Marketing-„Hausaufgaben" der folgenden Kapitel helfen als Allererstes dir, denn sie erleichtern dir in weiterer Folge die redaktionelle Arbeit erheblich. Du verzettelst dich nicht in deinen Themen, sondern weißt genau, was du für wen veröffentlichst, wie du deine Leser ansprichst und was deine Kernaussagen sind.

Klarheit bei der Monetarisierung: Bereits die Definition des Businessmodells hat diesen Job übernommen, aber auch in weiterer Folge, wenn dein Blog wächst und sich vielleicht ein Produktportfolio entwickelt, hilft dir die Marketingausrichtung, bei der Stange zu bleiben.

Image & Positionierung: Marketing ist, wie schon erwähnt, dazu da, den Menschen im Gedächtnis zu bleiben, dich zu positionieren, ein Image zu schaffen und klarzumachen, was deine Leser und Kunden bekommen.

Gefunden werden: Es sind über 1 Milliarde Webseiten online, darunter je nach Statistik viele Millionen WordPress-Webseiten. Ich glaube, ich muss angesichts dieser Zahlen nicht weiter erläutern, warum die Arbeit an Alleinstellungsmerkmalen sinnvoll ist.

Aufmerksamkeit erregen: Das Wort „Hamsterrad", das vermutlich in allen meinen Blogartikeln und Podcasts vorkommt, emotionalisiert und lässt niemanden kalt. Dieses Wort ist untrennbar mit meinem Blog verbunden – welche Aufgabe es für mich übernimmt, versteht sich da von selbst.

In Erinnerung bleiben: Alle meine Blogartikel enden mit: „Lass es dir gut gehen!" Das führt dazu, dass auch die Mails, die ich von meinen Lesern bekomme, mit dieser Grußfloskel enden oder dass Menschen, die mich in der „echten Welt" treffen, sich so von mir verabschieden. „Lass es dir gut gehen!", das verbinden meine Leser mit mir. Es könnte Schlimmeres geben.

Empfohlen werden: Wer Aufmerksamkeit erregt, wer in Erinnerung bleibt und dann auch noch Inhalte liefert, die Menschen inspirieren, motivieren oder unterstützen, der wird empfohlen. Wenn es beim Empfehlen auch noch leicht ist, zu sagen, worum es geht, dann hat das Marketing seine Aufgabe erfüllt.

Marketing für ein Small Business

Marketing verbinden viele noch mit herkömmlicher Werbung und mit dem, was die „Großen" machen. Aber dafür hast du natürlich weder die Infrastruktur noch die finanziellen Mittel. Im Small Business ticken die Uhren beim Marketing anders. Gehörig anders.

Nur wie macht man Marketing, wenn man nicht von Anfang an mit großen Werbebudgets um sich werfen kann? Die Antwort ist: Man macht aus der Not eine Tugend. Und zwar mithilfe von vier Grundsätzen:

Ohne großes Werbebudget

Grundsatz 1: Persönlichkeit geht vor Professionalität.

Es gibt eine Lektion im Online-Kurs von Thomas Mangold, bei der im Hintergrund Bohrgeräusche zu hören sind. Thomas lebt seine Selbstmanagement-Philosophie auf authentische Art und Weise, dazu gehört auch die 80/20-Regel. Natürlich wäre die Aufnahme noch besser geworden, wenn er gewartet hätte, bis Ruhe einkehrt, und dann das Video noch mal neu aufgenommen hätte. Aber so lebt er eben sein Selbstmanagement nicht. Er lebt 80 zu 20. Also: 20 Prozent Aufwand, 80 Prozent Ertrag. Effizient und effektiv. Dafür lieben ihn seine Leser. Dieses Mindset und diese Fähigkeiten wollen sie auch lernen. Dafür kaufen sie von ihm. Eine Videolektion mit Bohrgeräuschen wäre in einem großen Unternehmen undenkbar, denn dort wäre alles perfekt und blank poliert. Und langweilig.

Unprofessionell wirkt menschlich

Die Versprecher aus meinen Podcasts werden nicht herausgeschnitten, weil meine Hörer nicht nur meine Inhalte mögen, sondern auch ein Stück weit meine Persönlichkeit kennenlernen wollen, soweit das über das Internet möglich ist. Der Hauch von Unprofessionalität bringt dich deinen Lesern und Kunden ein Stück näher. (Kleine Anmerkung: Die Qualität muss natürlich trotzdem gewahrt bleiben.)

Grundsatz 2: Authentizität geht vor Corporate Identity.

Marken können nicht authentisch sein. Menschen schon. Der Gedanke aus Grundsatz 1 wird hier weitergeführt. Deine Leser und Kunden dürfen in jeder Hinsicht spüren, dass sie es mit einem Menschen zu tun haben. Mit einem Menschen, der Fehler hat, Ecken und Kanten, der aber das lebt, was er auf seinem Blog und mit seinen Produkten und Dienstleistungen vermittelt.

Image, Vertrauen und sogar Zuneigung werden durch die Echtheit geschaffen, durch die Tatsache, dass ich einer von euch bin, auf Augenhöhe. Alles, was in den nächsten Kapiteln über Marketing steht, ist wichtig, darf aber niemals über die Echtheit des einzelnen Bloggers gestellt werden. Produkte und Dienstleistungen ohne Seele gibt es genug. Du als Blogger bist ein Mensch, und das dürfen – ja sogar müssen – deine Leser und Kunden spüren.

Grundsatz 3: Ehrlichkeit geht vor Diplomatie.

Die erfolgreichsten Blogartikel sind jene, in denen der Blogger über seine eigenen Fehler spricht. Unternehmen, die Fehler machen, betreiben Krisen-PR und haben vorbereitete Konzepte und

Szenarien für solche Fälle. Sie gehen diplomatisch vor, um Schaden vom Unternehmen oder der Marke abzuwenden, wenn mal etwas nicht nach Plan gelaufen ist.

Das, wovor sich große Unternehmen und Marken fürchten, macht Blogger zu liebenswerten Menschen, zu Menschen wie du und ich: nicht perfekt und schon gar nicht bereit, Dinge zu vertuschen oder zu beschönigen. (Wie beim Grundsatz 1 ist das natürlich stets eine Gratwanderung, da dein Status als Experte gewahrt bleiben muss, selbst wenn du über Fehler und Niederlagen berichtest.)

Fehler zugeben

Grundsatz 4: Man kauft dich und nicht das Produkt.

Mach dir klar, dass dein Business und du eine Einheit sind. Es gibt hier keine Trennung zwischen dir als Mensch und dir als dein Business. Ich gehe sogar noch einen Schritt weiter: Mach dir klar, dass dein Leben und dein Business eine Einheit sind.

Ich halte das Konzept der Work-Life-Balance für einen großen Irrtum, und zwar aus einem einzigen Grund: Ausgleich braucht es immer nur zwischen unterschiedlichen Dingen, und zwar dann, wenn das eine gut und das andere schlecht ist. Wenn wir also von Work-Life-Balance sprechen, dann impliziert das in seiner Grundbedeutung, dass das Wort „Life" das Gute ist, das als Ausgleich zum schlechten „Work" dient.

Deswegen passt „Work-Life-Balance" nicht zu meiner Art und meiner Interpretation der Selbstständigkeit mit einem Blogbusiness, die ich als eine Einheit aus Business und Persönlichkeit und gleichzeitig als eine Einheit aus Leben und Business begreife. Ein solches Business zu betreiben, führt nämlich dazu, dass Menschen auf dich fokussiert sind. Menschen kaufen dich, dein Wissen, deine Kompetenz, deine Ausstrahlung, deine Persönlichkeit, deine Authentizität.

Einheit aus Leben und Business

Das unterscheidet dich sehr von einem größeren Unternehmen: Deine Leser und Kunden kaufen nicht das Produkt, nicht die Dienstleistung, nicht den Service, den du anbietest, sondern dich.

Positionierung

Die Positionierung im Marketing bezeichnet das gezielte, planmäßige Schaffen und Herausstellen von Stärken und Qualitäten, durch die sich ein Produkt oder eine Dienstleistung in der Einschätzung der Zielgruppe klar und positiv von anderen Produkten oder Dienstleistungen unterscheidet.

David Ogilvy, der vielleicht berühmteste Werbetexter der Welt, formulierte folgende kurze Definition von Positionierung: „Was das Produkt leistet – und für wen." Dabei geht die Positionierung, wie auf Wikipedia zu lesen ist, von der Abbildung des Meinungsbildes zu einem Meinungsgegenstand (z. B. Sach- oder Dienstleistung) in einem psychologischen Marktmodell aus. Es geht also kurz gesagt um „anders sein"!

Definition des Produkts

Es geht um eine, nein um *die* Definition des Produkts: wofür es steht, was die Vorteile und Alleinstellungsmerkmale sind, warum es anders ist, was es so besonders macht, wie das Image sein soll und vieles mehr. All diese Fragen stellen sich Marketing-Leute bei jeder Produktentwicklung, und zwar noch bevor das Produkt optisch gestaltet wird (Logo, Verpackung), bevor die ersten Werbetexte (Slogans, Claims) dafür geschrieben, bevor kreative Ideen für die Bewerbung gesammelt werden.

Die Positionierung ist die Hausaufgabe schlechthin. Bei einem Blog ist eigentlich alles Positionierungsarbeit. Denn schon die Schritte, die wir davor getan haben, sind Teil der gesamten Positionierungsstrategie.

Positionierung geschieht oftmals in einem Dialog mit Werbe-
fachleuten, Coaches oder Beratern. Um dir diesen Prozess leichter zu gestalten, habe ich einen Fragenkatalog zusammengestellt,
der dein Bild von deinem Blogbusiness noch weiter schärfen wird.

Wenn du die Fragen in Ruhe und konzentriert beantwortest,
weißt du nicht nur viel mehr über dein Blogprojekt, sondern du
hast vor allem sämtliche Werkzeuge und Definitionen parat, um
deinen Lesern klar zu machen, worum es geht. Du machst dich
dadurch unverwechselbar und wiedererkennbar. Du bleibst in
den Köpfen und bist nicht einer von vielen Blogs da draußen.

Unverwechsel-
bar und
wiedererkennbar

Vielen Neulingen erscheinen diese Hausaufgaben und der Aufwand, der betrieben wird, bevor es losgeht, manchmal ein wenig
übertrieben und der Sinn dahinter wird nicht sofort klar. Doch
erst, wenn die Fragen beantwortet sind (wichtig: alles nieder-
schreiben!), hast du den Blog, seine Intention, seine Aufgaben klar
vor Augen und du und deine Leser wissen, wo es hingeht.

Der Großteil der Fragen steht für sich und braucht keine nähere
Erläuterung. Um die erste Frage – eine sehr entscheidende – kümmern wir uns aber zunächst ein wenig intensiver.

Hin zu oder weg von?

Grundsätzlich gibt es zwei Ausrichtungen bei Blogs: solche, die
ihre Leser aus etwas rausführen, und solche, die zu etwas hin-
führen. Dein erster Gedanke mag der sein, eine „Hin zu"-Aus-
richtung zu wählen, weil das positiv wirkt, während „weg von"
negativ erscheint. Prinzipiell ist dies richtig, allerdings birgt die
„Weg von"-Ausrichtung oftmals die stärkere Motivation in sich.
Vermutlich hast du das schon selbst beobachtet: Viele Menschen
wissen ganz genau, was sie nicht mehr wollen. Wenn man aber
fragt, was sie stattdessen möchten, kommt die Antwort nicht so
schnell.

Es kann also, abhängig von Thema und Nische, durchaus sinnvoll sein, sich für eine „Weg von"-Ausrichtung zu entscheiden. Auch wenn z. B. bei meinem Blogprojekt das Finden der Berufung und das Aufbauen eines entsprechenden Business wichtige Aspekte sind, kommt das Verlassen des Hamsterrades doch als Erstes, was eine eindeutige „Weg von"-Ausrichtung ist.

Ausrichtung des Content Brich diese Entscheidung nicht übers Knie, sondern lass diese Frage auch ein wenig sacken. Es geht gar nicht so sehr darum, dass du die jeweilige Ausrichtung dann eindeutig auf deinem Blog kommunizierst, sondern die Antwort auf diese Frage übernimmt eher eine wichtige Rolle für dein Mindset und die weitere Ausrichtung des Contents.

. . . .

Aufgaben

Einige der folgenden Fragen kannst du sofort beantworten, ein paar werden dich etwas nachdenklich machen und bei wieder anderen wirst du (noch) ratlos sein. Wichtig ist, dass du alles schriftlich beantwortest und Fragen offen lässt, wenn du noch keine Antwort darauf hast. Am Ende des Buches (und mithilfe des Online-Bonus-Bereiches) wird sich dann alles klären.

1. Wie ist dein Blog ausgerichtet: hin zu oder weg von?
2. Warum soll jemand deinen Blog lesen
3. Warum hat dein Blog noch gefehlt?
4. Was ist für den Leser der Nutzen?
5. Welches Problem löst der Blog, welches Bedürfnis wird befriedigt?
6. Inwiefern bist du speziell qualifiziert, diesen Blog zu produzieren?
7. Wer sind deine Mitbewerber, warum soll jemand auch dich lesen?
8. Welche Menschen sollen deinen Blog lesen?
9. Was unterscheidet deinen Blog von den Blogs der Mitbewerber?
10. Was soll deine Marke darstellen, wofür stehen du und deine Marke?
11. Definiere fünf Faktoren, die deinen Blog herausragend machen sollen, egal ob Optik, Inhalt, Tonality etc.

12. Wie beweist du dem Leser, dass du das kannst, dass du ein Experte bist?
13. Wie viel Persönliches willst du preisgeben?
14. Wie wirst du sicherstellen, dass dein Content sich unterscheidet?
15. Wo soll dein Fokus sein: educate (Weiterbildung), entertain (Unterhaltung) oder enlighten (Lebensveränderung)?
16. Was ist der Faktor, der deinen Content „legendär" macht?
17. Wie wirst du deine Leser motivieren, deine Inhalte zu verbreiten?
18. Mach eine Liste von zehn erfolgreichen Blogs zu deinem Thema.
19. Wie willst du diese Blogger-Kollegen kontaktieren bzw auf deine Seite bringen?

Der mächtigste Satz in deinem Blogbusiness

Sag mir in maximal 30 Sekunden oder besser noch in einem Satz, was du tust bzw. was deine Webseite oder dein Blog zum Inhalt hat. Oder stell dir vor, du musst einem wildfremden Menschen in einem Satz klarmachen, worum es bei deinem Projekt geht. Und damit nicht genug: Dieser Person soll danach klar sein, was dich von allen anderen unterscheidet, und sie soll Interesse an mehr haben.

Wenn es darum geht, deinem Business oder Blog einen Kick zu verleihen, dann musst du erklären können, was du eigentlich tust, und zwar nicht mit langen „Über mich"-Seiten, sondern in einem Satz. Ein Satz. Punkt.

Wenn du in einem Satz nicht anschaulich erklären kannst, worum es geht, wenn du nach Worten suchst oder vom Hundertsten ins Tausendste kommst und dabei vielleicht selbst bemerkst, dass du um den heißen Brei herumredest, wird es Zeit für den einen ganz besonderen Satz. In der Fachsprache wird er auch Elevator Pitch genannt, denn du sollst damit während einer einzigen Fahrt im Aufzug erklären können, was Sache ist.

Elevator Pitch

Ein Elevator Pitch ist idealerweise in drei Teile aufgebaut:

- Status quo („Weg von"- oder „Hin zu"-Motiv), bei mir: „Hamsterrad verlassen".
- Prozess, bei mir: „Leidenschaft finden".
- Ergebnis, bei mir: „damit ein erfolgreiches Business aufbauen".

„Ich unterstütze Menschen dabei, ihr berufliches Hamsterrad zu verlassen, um mit ihrer Leidenschaft ein erfolgreiches Business aufzubauen."

„Ich zeige Menschen, dass es eine Alternative zum beruflichen Hamsterrad gibt, unterstütze sie dabei, den Mut zu fassen, ihr Hamsterrad zu verlassen, gebe ihnen alle Werkzeuge in die Hand, um den Schritt zu machen, um mit dem, was sie gerne tun, ein Lifestyle Business aufzubauen."

„Ich unterstütze Menschen dabei, ihr Hamsterrad zu verlassen, mit ihrer Berufung selbstbestimmt zu arbeiten und zu leben, mit dem, was sie gerne tun, entspannt erfolgreich zu werden. Ich helfe Menschen, es sich gut gehen zu lassen."

Das ist mein Elevator Pitch. Genauer gesagt sind es quasi verschiedene Stadien davon, abhängig von der jeweiligen Fokussierung in meinem Blogbusiness. Er wurde in den letzten Jahren immer wieder verändert, das Finden der grundlegenden Version am Anfang dauerte ein paar Tage. Um den Prozess für dich zu verkürzen, gibt es hier meine kleine Elevator-Pitch-Anleitung.

Ein Elevator Pitch

... ist prägnant. Innerhalb von 30 Sekunden (oder noch kürzer), innerhalb von einem einzigen Satz teilst du mit, worum es geht.

... ist klar. Das heißt: für jeden verständlich. Du benutzt darin keine Fachausdrücke oder irgendwelche Insider-Begriffe, die

du erst erklären musst. Stell dir vor, du erklärst damit irgendeinem Menschen auf der Straße, der keinen Plan von deinem
Business hat, was du tust.

... ist kraftvoll. Das heißt, es sind Worte darin, die Menschen
einfangen und emotional mitreißen.

... ist bildhaft. Das heißt, darin kommen Worte vor, durch die
man sich bildhaft vorstellen kann, worum es geht. Je abstrak-
ter ein Elevator Pitch ist, umso weniger macht er klar, was du
tust.

... hat eine eindeutige Zielgruppe. Das heißt, im Elevator Pitch wird klar, wer angesprochen ist und wer nicht angesprochen ist.

... ist zielgerichtet. Das heißt, er verfolgt ein Ziel. Das gilt nicht
nur für den Elevator Pitch, sondern auch für dein Business oder
deinen Blog. Auch damit verfolgst du ein Ziel.

... hat einen sogenannten Hook. Ein Hook ist ein Begriff aus
der Werbe- und Musikersprache. Er bezeichnet ein Element,
das die Leser oder Hörer aufmerken oder aufhorchen lässt. Im
Elevator Pitch ist das etwas, bei dem man sich fragt, was denn
damit gemeint ist oder was das in diesem Kontext soll.

Hammer home your Message!

Es gibt einen alten Werberspruch, der lautet: „Hammer home
your message!" Damit meint man das gebetsmühlenartige Wiederholen von Markenbotschaften. Denn klar ist, nur ein kleiner
Bruchteil von dem, was wir kommunizieren, kommt beim Empfänger an, und noch weniger davon bleibt diesem auch noch
im Gedächtnis. Somit ist es nicht nur sinnvoll, sondern sogar

notwendig, immer und immer wieder die gleichen Aussagen zu kommunizieren.

Die Macht der Wiederholung

Im Jahr 2006 war ich für das Wiener Mozartjahr tätig. Mozarts 250. Geburtstag wurde mit einem Kulturthemenjahr gefeiert. Der Intendant des Mozartjahres, Dr. Peter Marboe, hatte die wichtigsten Botschaften zusammengefasst: warum wir Mozarts Geburtstag feiern, welche Gedanken hinter so einem Kulturjahr stehen, was den Besucher erwartet und vieles mehr. Insgesamt umfasste dieses Konzept eine DIN-A4-Seite. Ich war Chefredakteur und daher für alle Publikationen zuständig. Wichtig war dem Intendanten, dass bestimmte Aussagen immer wieder benutzt werden sollten. Nicht umformuliert, sondern immer im gleichen Wortlaut.

Ein Satz blieb mir besonders in Erinnerung: „Wir brauchen Mozart mehr, als er uns." Das erschien mir skurril, aber vielleicht gerade deshalb wurde diese Aussage in vielen Texten immer wieder eingesetzt, und zwar so häufig, dass sie uns schon gehörig auf die Nerven ging.

Das Mozartjahr 2006 startete im Januar und kurz darauf gab es die ersten Berichte in den Feuilletons nationaler und internationaler Tageszeitungen. Du kannst dir sicher schon denken, welche Formulierung in diesen Berichten immer wieder von den Journalisten benutzt wurde? Richtig: „Wir brauchen Mozart mehr, als er uns." Da wurde mir klar: Wenn du selbst eine Aussage schon nicht mehr hören kannst, dann beginnt sie allmählich bei den Menschen anzukommen. „Hammer home your message" funktioniert.

Kernaussagen beim Bloggen

Die gleiche Strategie habe ich dann ein paar Jahre später bei meinem Blogprojekt eingesetzt. Hier sind einige meiner Kernaussagen:

- *Verlasse dein Hamsterrad!*
- *Arbeit nie wieder als Arbeit empfinden.*
- *Sei erfolgreich mit dem, was du gerne tust!*
- *Finde deine Leidenschaft!*
- *Tu etwas, das Bedeutung hat. Für dich und andere.*

- Dein Alltag schießt dich herum wie eine Flipperkugel.
- Kleine Rebellion gegen das Hamsterrad.
- Lass es dir gut gehen!

Und siehe da, diese Aussagen blieben in den Köpfen der Leser haften und wurden untrennbar mit mir und meinem Blogprojekt in Verbindung gebracht.

Entwickle also aus deiner Nische, deiner Positionierung, deinem Elevator Pitch und dem gesammelten Brainstorming-Material Kernaussagen, die du in jedem Artikel bewusst einsetzt, sodass sie deine Botschaft einerseits klar machen und andererseits auch in den Köpfen deiner Leser hängen bleiben.

Aufgaben

1. Schreibe als Erstes lose auf, was du in deinem Business oder Blog tust bzw. um welche Kernthemen es sich dreht.
2. Lasse Nutzen, Warum, Nische und Leseravatar einfließen.
3. Formuliere 10 bis 20 wichtige Botschaften.
4. Filtere die wichtigsten Aussagen oder fasse zusammen.
5. Formuliere deinen Elevator Pitch.
6. Erweitere den Elevator Pitch. Beschreibe deinen Blog
   - in einem Satz.
   - in einem kurzen Absatz (3 bis 5 Sätze).
   - in einem langen Absatz (7 bis 10 Sätze).

7. Finde deine Kernaussagen, die auch gleichzeitig die wichtigsten Vorteile für den Leser zum Ausdruck bringen.

Naming

Wie wichtig
sind Namen? Natürlich braucht dein Blog einen Namen und eine Domainadresse. Über Produktnamen ist schon unglaublich viel geschrieben worden. Es gibt Agenturen, die nichts anderes tun, als sich für neue Produkte Namen auszudenken. Ich halte die Wichtigkeit von Namen definitiv für überbewertet. Wie könnten sonst Fantasienamen wie Google, Zalando oder Amazon so stark werden – Markennamen, die nichts aussagen? Die wertvollste Marke der Welt ist nach einem Obst benannt. Nicht mal nach einem besonders ausgefallenen, sondern nach einem 08/15-Obst: dem Apfel.

Eine gute Nachricht für uns Blogger ist, dass es zwei einfache Wege gibt, einem Blogprojekt einen Namen zu geben. Nur zwei. Beide sind einfach und führen schnell zu einem Ergebnis.

Naming-Technik 1: Business-Aussage

Kernaussagen, Nutzen, Elevator Pitch, Leidenschaft oder Leidensdruck, dein Warum und vieles mehr: Nach den vorherigen Kapiteln hast du bereits eine Menge Formulierungen, Satzbausteine und Aussagen rund um dein Blogbusiness niedergeschrieben. Jetzt gilt es, daraus einen Markennamen zu machen, der meistens aus zwei Teilen besteht und eindeutig mitteilt, worum es geht.

Hier ein paar Beispiele von geschätzten Kolleginnen und Kollegen:
- *MamaRevolution.de*
- *Selbst-Management.biz*
- *StarkundAlleinerziehend.de*
- *mymonk.de*
- *zendepot.de*
- *Coachingprodukte-entwickeln.de*
- *VillaNatura.at*
- *Frauenbusiness.biz*

Eine weitere Variante, einen Namen zu finden, hat Kollege Walter Epp (schreibsuchti.de) aufgebracht. Sie besteht darin, das Thema des Blogs mit einer persönlichen Note zu mixen:

- *Schreib* (Thema) + *Suchti* (persönliches Merkmal)
  = *Schreibsuchti.de*
- *Affen* (persönliches Merkmal) + *Blog* (Thema)
  = *Affenblog.com*
- *Podcast* (Thema) + *Helden* (persönliches Merkmal)
  = *Podcast-Helden.de*

Die Naming-Technik 1 zeichnet sich dadurch aus, dass deine Leser anhand eines solchen Blognamens relativ schnell (idealerweise auf den ersten Blick) erkennen, worum es geht. Auch bei deinen Social-Media-Aktivitäten, bei Interviews oder für dein E-Mail-Marketing ist das natürlich von Vorteil. **Vorteile**

Es ist jedoch nicht immer möglich, in nur zwei Worten die gesamte Thematik zusammenzufassen. Wenn du es nicht schaffst, einen Markennamen knapp zu formulieren, dann solltest du von Technik 1 Abstand nehmen. Ein weiteres Manko: Mit einem solchen Namen bist du eindeutig fixiert auf das jeweilige Thema. Deinen Blog Schritt für Schritt in eine andere Richtung zu bewegen ist dann schwierig oder sogar unmöglich. **Nachteile**

Naming-Technik 2: Du

Die zweite Technik ist einfach: dein Vorname, dein Nachname, fertig. Dafür ist kein langes Brainstorming nötig, und du machst auch eindeutig klar, wer hinter dem Ganzen steht – nämlich ein Mensch.

Sehr viele Kollegen und auch ich haben diese Art des Blog-Namings gewählt:

- ChristinaEmmer.de
- KarinWess.com
- ChristianAnderl.com
- IvanBlatter.com
- MarkusCerenak.com
- Jessica-Ebert.de

Vorteile Schnell erarbeitet, eindeutig auf dich fokussiert und die perfekte Basis für den Aufbau einer ganz persönlichen Marke – das sind die Vorteile eines solchen Blognamens. Je bekannter du bist, umso weniger ist wichtig, was inhaltlich hinter deinem Blog steht. Du kannst dein Thema oder deine Nische modifizieren, ohne deinen Blog umbranden zu müssen. Dein Blogbusiness wird dadurch sehr flexibel.

Nachteile Es wird nicht sofort klar, wofür du stehst und was auf deinen Blog passiert. Diesen Job muss dann die Tagline (dazu gleich mehr) übernehmen. Schwierig könnte es werden, wenn du einen häufigen Namen hast (Peter Maier, Michaela Schuster o. Ä.). Die entsprechenden Domains (.com/.de./at/.ch etc.) sind dann oft bereits weg und es gibt vielleicht bereits Menschen, die unter diesem Namen einen Blog betreiben, sodass die Verwechslungsgefahr hoch ist.

Das solltest du vermeiden

Ein paar Kleinigkeiten gilt es zu beachten, wenn du deinen Namen und deine Domain definierst:

Keine Zahlen!
SchnellGeldverdienen24.com & Co. machen keinen sonderlich seriösen Eindruck. Beim Aussprechen des Namens wird zudem nicht klar, ob die Ziffern ausgeschrieben werden oder nicht. Missverständnisse sind vorprogrammiert.

Nichts Schwieriges oder Missverständliches!
Worte, die keiner kennt, bei denen nicht klar ist, wie sie geschrieben werden, oder deren Aussprache missverständlich ist, solltest du nicht nutzen.

Keine Umlaute!

Obwohl mittlerweile Umlaute wie ä, ü und ö in Domainnamen vorkommen können, solltest du davon Abstand nehmen. Probleme beim Aufrufen der Seite und vor allem mit den dazugehörigen E-Mail-Adressen (info@schönerösterreicher.at) stehen sonst mit Sicherheit auf der Tagesordnung.

Vorsicht Buchstabenkombinationen!

Bindestriche sind nicht sonderlich schön, aber noch schlimmer ist es, wenn zwei Wörter aneinander kleben und sich dadurch unerwünschte neue Wörter ergeben (www.ars.ch, www.penisland.net).

Bonus: Die Tagline

Nicht unbedingt notwendig, aber sinnvoll, um die Markenaussage zu unterstützen, ist die Tagline – also die Unterzeile zum Markennamen. Hier ein paar Beispiele:

- *MarkusCerenak – Vom Hamsterrad zum Lifestyle Business*
- *KarinWess – Für mehr Spaß und Erfolg im Business*
- *IvanBlatter – Personal Trainer für neues Zeitmanagement*
- *MamaRevolution – Stell dein Licht AUF den Scheffel*
- *Selbst-Management – Effizienter und produktiver lernen, leben und arbeiten*
- *zendepot – Erfolgreich Vermögen bilden in Eigenregie*

Auch hier sind dein Elevator Pitch und deine Kernaussagen ein idealer Fundus, um deinem Blogprojekt noch mehr Profil zu verschaffen. Bei der ersten Naming-Technik ist die Tagline ein echtes Nice-to-have. Bei der zweiten Naming-Technik, bei der du deinen Namen nutzt, ist sie hingegen besonders sinnvoll. Durch das Ändern der Tagline kannst du deine Marke und Positionierung recht schnell neu ausrichten.

Noch mehr Profil

Aufgaben

1. Mache ein Brainstorming, wie dein Blog heißen soll, und nutze dazu deine Positionierung, deinen Elevator Pitch und deine Kernaussagen.
2. Wäge die beiden Naming-Techniken (Business-Aussage/Du) gegeneinander ab, frage Bekannte und Freunde und triff eine vorläufige Entscheidung
3. Recherchiere online, ob der Blog- bzw. Markenname schon benutzt wird und in welchem Kontext.
4. Kläre, ob dein gewünschter Domainname (MaxMustermann.com oder MeincoolerBlog.com) noch frei ist.
5. Entwickle aus den oben genannten Elementen (Positionierung etc.) die Tagline und mach auch dazu eine Online-Recherche.

Sticky Marketing

Wenn du schon mal die Krimi-Serie „Columbo" gesehen hast, dann weißt du, dass der Kommissar sich immer noch einmal umdreht und sagt: „Ich hätte da noch eine Frage." Die Moderatorin Nina Ruge verabschiedete sich in ihrer Sendung „Leute heute" stets mit: „Alles wird gut." Alle meine Blogartikel enden mit: „P.S.: Im Übrigen bin ich der Meinung, dass Ehrlichkeit das Leben einfach macht."

In Erinnerung bleiben

Das sind ein paar Beispiele für Sticky-Marketing-Elemente: kleine Werkzeuge, die dazu beitragen, dass man sich noch mehr an dich erinnert. „Sticky" heißen sie deswegen, weil sie jedes Mal eingesetzt werden. So sicher wie das Amen in der Kirche. Sticky Marketing gibt es in verschiedenen Formen und du kannst diese Elemente bei deinem Blogprojekt flexibel einsetzen.

Elemente, die *dir* gehören

Wichtig ist, dass du keine austauschbaren Floskeln benutzt. Ich verabschiede mich von meinen Bloglesern in jedem Artikel mit „Lass es dir gut gehen". Das ist keine der üblichen Grußfloskeln wie „Alles Gute", „Bis bald" oder „Dein Markus". Diese Formulierung ist anders. Nicht absurd oder skurril, aber auffällig und eben ein klein wenig anders.

Elemente, die immer wieder kommen

Sticky-Marketing-Elemente werden jedes Mal wiederholt. Wirklich jedes Mal. In jedem Blogartikel, in jeder Podcast-Episode, immer. Wie Zähneputzen. Ohne dieses Element geht es nicht, es gehört dazu. Am Anfang jedes meiner Artikel erfährt der Leser, wie lange er zum Lesen des Textes braucht. Zusätzlich gibt es immer einen kleinen Gag: „Du kannst dich entscheiden: Entweder ein Ei weich kochen oder diesen Artikel lesen. Beides dauert rund 5 Minuten."

Elemente, die eine Serie ergeben

Im Intro meines Podcast verglich ich mich eine Zeit lang mit Schauspielern:

Hier ist dein Moderator:
- *wortkarg wie Clint Eastwod.*
- *auf der Suche wie Harrison Ford.*
- *tanzend wie John Travolta.*

Schauspieler und deren Filme hinterlassen bei Menschen Emotionen. Diese bringe ich in Verbindung mit meiner Person. Gleichzeitig rege ich damit zum Nachdenken an: Auf der Suche wie Harrison Ford? Aja, „Der Jäger des verlorenen Schatzes"! All das führt zu einer noch stärkeren Bindung zwischen mir und meinem Publikum.

Elemente, die ein Running Gag sind oder einen Zusatznutzen liefern

Ebenfalls auf dem Podcast gab es eine Serie mit „unnützem Wissen". Dabei handelt es sich beispielsweise um Informationen wie: *Hier ist Podcast Episode 27 – 27 Bücher des neuen Testaments gibt es, 27 Buchstaben in der Kabbala, 27 Münzen soll man laut Feng-Shui sammeln, um reich zu werden.*

Elemente wie dieses bedeuten zwar Arbeit und Aufwand, machen dich aber mit Sicherheit unvergleichlich!

Aufgaben

1. Suche online und offline (Magazine, Plakate, TV, Radio, Blogs, Webseiten, Social Media, Podcasts etc.) nach Sticky-Marketing-Elementen und erkenne deren Funktion
2. Mach ein Brainstorming: Was sind deine Sticky-Marketing-Elemente? Wie willst du sie auf deinem Blog einsetzen?
3. Nutze auch Elemente, die thematisch nicht zu deinem Blog passen (wie bei mir: unnützen Wissen, Schauspieler), um wirklich herausragendes und kreatives Sticky Marketing zu betreiben.
4. Sprich mit Freunden darüber, ob sie Kontext und Connex verstehen, damit du nicht Gefahr läufst, dass Sticky Marketing mehr verwirrt als dass es deiner Marke dient.

Success Story 4: Vom eigenen Problem zur gefragten Expertin

(ALEXANDRA WIDMER, STARKUNDALLEINERZIEHEND.DE)

„Es kann ja nicht sein, dass es zu diesem Thema nichts Brauchbares online gibt!"

Genau dieser Gedanke ging Alexandra Widmer durch den Kopf, als sie vor ein paar Jahren nach Lösungen für die vielen Probleme von Alleinerziehenden suchte.

„Ich fand einfach nichts. Das meiste war einfach nur platt oder weit an unseren Problemen vorbei."

Alexandra Widmer stand als Alleinerziehende vor vielen Herausforderungen und überraschenderweise lieferte Google keine zufriedenstellenden Ergebnisse.

„Ich machte mich daher auf die Suche. Ich beschäftigte mich mit Menschen in allen möglichen Krisen und damit, wie es diese Menschen geschafft hatten, mit den verschiedensten Lebenskrisen fertig zu werden. Und zusätzlich stolperte ich über den Podcast ‚Erfolg mit Leidenschaft' von Markus Cerenak."

Alexandra Widmer ist Fachärztin für Neurologie und Psychotherapeutin und war größtenteils im Bereich „Burn-out" tätig. Aber ihr war schnell klar, dass niemand wirklich etwas für Alleinerziehende tat, und das galt auch für die gesundheitlichen Aspekte.

„Ich hörte den Podcast von Markus und wusste: So einen Blog starte ich jetzt auch."

Dazu muss man erwähnen, das Alexandra null Erfahrung mit Online-Dingen hatte und schon gar keine Ahnung, wie man einen Blog aufbaut. Aber ähnlich wie ich einige Zeit davor beschloss sie, dieses Projekt zu starten. Es sollte ein Blog für Alleinerziehende mit dem Fokus „Gesundheit" wer-

den, der sich nur um die Frage dreht: „Wie kann ich die Lebensphase durchstehen und gesund dabei bleiben?"

„Ich kaufte den damaligen Bloggen-Kurs von Markus und biss mich durch alles ganz alleine durch, woran ich mittlerweile ja auch gewöhnt war."

Alexandra hat ihren gesamten Webauftritt selbst gemacht und alle technischen Herausforderungen im Handumdrehen gelöst.

Und dann passierte etwas Erstaunliches: Genau zwei Wochen nachdem sie online gegangen war, meldeten sich die ersten politischen Parteien bei ihr und boten ihr eine Zusammenarbeit an. Nach kurzer Zeit standen alle möglichen Frauenmagazine auf der Matte und wollten ihre Meinung erfahren. In rund zwei Monaten war sie zur anerkannten Expertin für Alleinerziehende und deren gesundheitliche und seelische Probleme geworden. Nach fünf Monaten klopfe ein großer deutscher Verlag an und bot ihr einen Buchvertrag an.

Was war da passiert? Was hat Alexandra getan, damit das Ganze so dermaßen durch die Decke ging? Ihrer Aussage nach gar nicht so viel: „Ich habe einfach bemerkt, dass es da eine Lücke gibt, dass viele Menschen wie ich betroffen sind und keine Antworten finden. Ich habe einfach begonnen, die Lösungen, die ich für einige Probleme bereits gefunden hatte, in Form von Blogartikeln zu verbreiten. Ich war viel in Foren, Communitys und Facebook-Gruppen und habe viel Netzwerkarbeit geleistet. Wenn einmal die ersten Dominosteine umfallen, dann entwickelt sich der Rest tatsächlich von selbst."

Alexandra war selbst am meisten erstaunt, dass plötzlich sogar das Fernsehen bei ihr anfragte. „Eigentlich hatte ich keine Ahnung von dem, was ich da tue. Ich hatte keinen Plan von WordPress oder Facebook. Ich schrieb einfach nur über die Dinge, die mich weitergebracht haben. Die Mundpropaganda rund um meinen Blog und die ganze PR haben tatsächlich den Rest erledigt."

Nicht nur, dass Alexandra nun Buchautorin ist, sie berät auch Alleinerziehende in Einzelgesprächen per Skype und hat dadurch eine Möglichkeit gefunden, mit dem Thema, das ihr so sehr am Herzen liegt, nun auch gutes Geld zu verdienen.

„Der Blog hat alle Türen für mich geöffnet, und er hat das Problem, also das Spannungsfeld zwischen ‚alleinerziehend sein‘ und ‚Gesundheit‘, im Web und in der Gesellschaft sichtbar gemacht. Keine Ahnung, mit welchen Mitteln ich das sonst hätte bewerkstelligen können.“

TEIL **3**

Wie?
Der Werkzeug-
kasten für
deinen Erfolg
als Blogger

Im dritten Teil geht es darum, das erarbeitete Konzept umzusetzen. Wir kümmern uns um das Herz deines Blogs, den sogenannten Content. Du erfährst also, was du am Anfang brauchst, wie du deinen Schreibstil findest und noch ein paar weitere Hacks. Dann widmen wir uns intensiv dem Entstehungsprozess der Artikel und gehen die einzelnen Formen und Spielarten von Blogartikeln durch.

Ein spannendes Thema ist die Frage: Woher kommen eigentlich die Besucher meines Blogs? Du lernst dazu eine Reihe von Methoden kennen, die ein wenig abseits der ausgetretenen Pfade liegen.

E-Mail-Marketing und digitale Produkte sind zwei Bereiche, die ganz eng zusammenlaufen und einen wichtigen Faktor für dein Blogbusiness darstellen. Wenn dir diesbezüglich noch Fragen im Kopf herumschwirren, wirst du auch darauf im letzten Teil dieses Buches Antworten finden.

3.1 Das Herz deines Blogs: Der Content

Es geht ans Eingemachte. Wir beginnen, deinen Blog entstehen zu lassen. Vermutlich sind dir bei der Recherche und Vorbereitungsarbeit bereits viele Ideen gekommen und du brennst darauf, diese umzusetzen und niederzuschreiben. Wichtig ist aber eines:

Es geht nicht nur um das, was wir als Blogger gut finden, sondern auch um das, was unsere Leser gut finden.

Wir haben ein Ziel: Wir wollen legendären Content für unsere Leser produzieren. Texte, Artikel, Grafiken, Videos, die sie so toll finden, dass sie uns dabei helfen, diesen legendären Content noch weiter zu verbreiten. Wenn unsere Leser zufrieden sind, dann unterstützen sie uns, und diese Unterstützung ist wichtiger als jede erdenkliche Promotionmaßnahme.

Schreiben – ein Mysterium?

Lange Zeit stand ich mit dem Schreiben auf Kriegsfuß. Eigentlich war es eine Hassliebe. Immer, wenn ich etwas schreiben musste, sei es beruflich oder privat, habe ich es lange Zeit vor mir her geschoben. Doch dann, wenn ich mich nach langer Zeit zum Schreiben durchgerungen habe, hat es mir Spaß gemacht. Ich war im Flow.

Schreiben im Flow
Dabei habe ich auch eine Schreibtechnik entwickelt, die ich bis heute anwende: Sobald der erste Satz geschrieben ist, bin ich in

einem Sog und beende den Artikel in einem Zug, kaum nachdenkend. Meistens verliere ich das Zeitgefühl und kann mich an den einen oder anderen Satz, den ich schreibe, nachher nicht mehr erinnern.

Dieser Ablauf hat sich bei mir aber erst durch regelmäßiges Schreiben entwickelt. Tatsache ist, dass in der heutigen Zeit das Schreiben aus der Mode gekommen ist. Wenn wir schreiben, dann mit Symbolen, Abkürzungen oder Emoticons, aber nicht mehr in ganzen Sätzen. Wir haben gelernt, uns kurz zu fassen; SMS und Twitter geben uns vor, wie lang unsere Texte sein dürfen. Das geht meist zulasten des sprachlichen Ausdrucks.

Wir schreiben zudem nur noch im Beruf, etwa E-Mails, Reports, Konzepte oder Präsentationen. Jemand, der Tagebuch schreibt, wird dagegen meistens belächelt. Es wird als Zeitverschwendung abgetan. „Wofür tust du das denn?"

Kreatives Schreiben, wie wir es noch aus der Schule kennen, passiert de facto gar nicht mehr. Das liegt auch daran, dass wir uns mehr auf das Konsumieren als auf das Gestalten konzentriert haben. Ich habe bei mir, seit ich blogge, große Veränderungen feststellen können.

Viele amerikanische Blogger weisen darauf hin, dass es sehr wichtig ist, aus dem Schreiben eine Routine zu machen. Meistens empfehlen sie täglich ein bestimmtes Schreibpensum. Anfänglich war mir nicht klar, warum. Denn wenn ich nichts zu schreiben habe, warum soll ich es dann tun?

Routine entwickeln

Deswegen war ich oft hin- und hergerissen zwischen einer täglichen Schreibroutine und dem „Bulking", also dem Schreiben von mehreren Artikeln in einem Zug. Denn ich dachte mir: Schreiben kann ich nur, wenn mir „danach ist". Es ist ein kreativer Prozess. Das kann ich nicht jeden Tag. Schon gar nicht jeden Tag zu einer bestimmten Zeit, also als Routine. Und da lag ich falsch.

Sobald du Schreiben als Gewohnheit und nicht als Aufgabe oder Tätigkeit siehst, verändert sich dein Fokus völlig. Schreiben gehört immer mehr zu deinem Leben dazu, wie Essen, Trinken und Schlafen.

Dadurch wurde bei mir aus einer Hassliebe eine geliebte Gewohnheit. Schreiben und Bloggen hat mir persönlich sehr viel gebracht, ich habe mich dadurch stark weiterentwickelt. Deswegen glaube ich, dass Schreiben eine der sinnvollsten Tätigkeiten ist, um sich selbst besser kennenzulernen. Täglich zu schreiben ist für mich sehr wichtig geworden. Besonders wenn größere „Schreibprojekte" vor mir liegen, ist dieses Ritual wichtig.

Was ist es nun, das ich durchs Schreiben gelernt habe?

Schreiben ist ein Handwerk

Viele Menschen sagen: „Ich kann nicht so gut schreiben." Das mag stimmen, aber das liegt daran, dass sie es nicht tun. Wie bei jeder Fähigkeit gilt auch fürs Schreiben: lernen, üben, praktizieren, tun, können. Ich nehme bei mir, seit ich täglich ein paar hundert Worte schreibe, eine stetige Verbesserung und Weiterentwicklung wahr, und zwar sowohl bezogen darauf, wie ich schreibe, als auch, wie schnell ich zu (meiner Meinung nach) guten Ergebnissen komme.

Wer schreibt, braucht eine scharfe Wahrnehmung

Um schreiben zu können, musst du die Welt um dich herum wahrnehmen. Dabei spielt es keine Rolle, ob du einen Blog über zwischenmenschliche Themen, Technik oder Mode betreibst oder einfach nur Tagebuch schreibst oder vielleicht sogar einen Roman.

Je mehr und je besser du wahrnimmst, was passiert, je mehr dir klar wird, was wichtig, spannend und interessant für dein Publikum ist und was nicht, umso besser wird deine Schreibe. Netter Nebeneffekt: Du hast mehr vom Leben, wenn du deine Wahrnehmung schärfst.

Schreiben fördert die Selbstreflexion

Bei keiner anderen Tätigkeit bist du so bei dir wie beim Schreiben. Der innere Dialog, quasi die Stimme, die dir die Sätze diktiert, wird ganz klar und eine Auseinandersetzung mit dem Thema beginnt. Oftmals spielst du die Inhalte in Gedanken durch, prüfst, wie sie zu dir passen, zu dem, was du bist. Natürlich hängt das auch stark von deinem Thema ab, aber Schreiben ist immer eine intensive Begegnung mit dir und deinem Inneren.

Schreiben ordnet die Gedanken

Wenn du niederschreibst, was dir durch den Kopf geht, bekommt es Struktur und die Gedankenfetzen nehmen Gestalt an. Du beginnst, den Inhalt in eine Form zu gießen, denkst an den Aufbau, an die Dramaturgie, an einen Ablauf. Du entscheidest dabei auch, welche Aspekte dir besonders wichtig sind und welche nur am Rande erwähnt werden. Durch all das und noch viele Überlegungen mehr entwickelst du für dich ein klares Bild des Inhaltes und wirst dadurch noch ein Stück mehr zum Experten auf deinem Gebiet.

Struktur und Form

Schreiben hilft, Inhalte zu verstehen

Ich kenne das von meiner Trainer-Tätigkeit: Komplexe Inhalte begreife ich dann am besten, wenn ich sie für andere aufbereite und anderen vermittle. Beim Schreiben von Blogartikeln ist es genauso. Ich lerne beim Schreiben eines Artikels mindestens genauso viel wie meine Leser. Richtig schreiben ist nicht „Dinge erklären", richtig schreiben ist „Dinge verstehen".

Wer schreibt, kann sich besser mitteilen

Durch Selbstreflexion, das Ordnen der Gedanken und ein besseres Verständnis der Inhalte verbessert sich Schritt für Schritt auch die Fähigkeit, sich mitzuteilen, egal ob auf schriftlicher oder mündlicher Ebene. Das Schöne daran ist: Diese Weiterentwicklung ist nicht auf dein Nischenthema beschränkt, sondern gilt für die gesamte Bandbreite deiner zwischenmenschlichen Kommunikation.

Schreiben verbessert das Selbstmanagement

Selbstdisziplin Für mich eine erstaunliche Weiterentwicklung: Seit ich blogge und dadurch mehr schreibe, hat sich eine Selbstdisziplin eingestellt, die ich so bei mir noch nicht kannte. Ich arbeite strukturierter und konsequenter, halte mich an die eigenen, selbstauferlegten Pläne und das Thema „Aufschieben" verliert zunehmend an Bedeutung.

Schreiben ist eine Entspannungstechnik

Die Routine „Schreiben" ist für mich auch ein Weg, um zur Ruhe zu kommen. Mein Körper und mein Geist wissen, dass es in der nächsten Zeit keine Störungen geben wird, da ich Mobiltelefon & Co. deaktiviere. Mein Körper und Geist wissen, dass nun in aller Gelassenheit Gedanken geordnet und zu einer neuen Erkenntnis gebracht werden. Mein Körper und Geist wissen, dass diese Tätigkeit mir eine sehr ausgeprägte Zufriedenheit gibt, und es stellt sich eine Art Wohlbefinden ein.

Höre auf zu lesen und beginne zu schreiben!

Seit ich aufgehört habe, wie ein Wahnsinniger täglich zehn Blogartikel von anderen zu lesen, mir ganz allgemein eine Mediendiät verordnet habe und mich darauf fokussiere, selbst zu schaffen, anstatt nur zu konsumieren, hat meine Schreibe einen großen Sprung gemacht.

Früher habe ich mir stets Ideen und Inspirationen bei den Werken anderer geholt. Das Ergebnis war gut, weil ich nicht kopiert habe, sondern stets meine eigene Sichtweise zur Inspiration geliefert habe.

Inspiration

Seit die Inspiration aber mehr und mehr aus mir kommt, fühlt sich das Resultat für mich besser an. Wenn du zu bloggen beginnst, ist es natürlich unerlässlich, andere Blogs zu lesen. Sobald du dann aber deine Schreibroutine entwickelt hast, fokussiere dich darauf, Eigenes zu erschaffen.

Der Basis-Content

Wie macht man einen Blog? Zunächst ein paar wenige Worte zur technischen Seite: Der Blog entsteht mit einem Tool, das sich WordPress nennt. Ich kenne keinen führenden Blog, der nicht über WordPress läuft. WordPress ist kostenlos und einfach.

WordPress

Ich blogge seit 2013. Ich habe keine Ahnung von HTML, JavaScript, PHP, Ajax oder CSS, trotzdem mache ich 99 Prozent meiner Webseiten-Arbeit selbst. Du musst nicht wissen, wie Legobausteine produziert werden, welche chemische Verbindung sie haben und welches Verfahren eingesetzt wird, um sie zu färben – du musst nur wissen, wie du sie zusammensteckst, damit sie etwas Eigenes ergeben.

Genauso läuft es heute mit Webseiten: Wenn du eine Maus bedienen, mit einem Textverarbeitungsprogramm umgehen und online einkaufen kannst, dann kannst du auch selbst eine Webseite ins Netz stellen. Die restlichen Details erfährst du im Online-Bonus-Bereich. Genug zur Technik, jetzt geht es um wirklich Wichtiges.

Bevor du die ersten eigentlichen Blogartikel verfasst, brauchst du noch ein paar Basis-Inhalte, also Seiten, die jeder Blog haben muss. Zu diesen Seiten zählen der rechtliche Kram – Impressum und Datenschutz – und auch wichtige Elemente wie die „Starte hier"-Seite oder die sogenannte Sidebar. Links zu Beispielen für all diese Seiten findest du im Online-Bonus-Bereich.

Die Startseite

Es ist klar, dass jede Webseite eine Startseite hat. Nur was ist da drauf? Im Großen und Ganzen besteht eine Blogstartseite aus folgenden Elementen:

- **Logo:** Links oben befindet sich das Logo bzw. der Name deines Blogs.
- **Menüleiste:** Entweder rechts oben oder in der Mitte befindet sich die Menüleiste. Wichtig: Die Menüleiste sollte einfach gehalten sein, das bedeutet nicht mehr als fünf Menüpunkte und keine herunterklappenden Untermenüs.
- **Hero-Header mit Opt-in:** Ein Hero-Header ist ein bildschirmfüllender Bereich, der aus einer Überschrift, einem Bild, einem kurzen Textblock und einem Opt-in – also einer Möglichkeit, sich in den Newsletter einzutragen – besteht. Hier wird alles entschieden. Der neue Leser kommt auf deine Startseite, sieht das Bild, liest deine Headline (oft identisch mit deiner Tagline), liest den kurzen Text und entscheidet in Sekundenbruchteilen, ob ihn das interessiert.
- **Call to Action:** Der sogenannte „Call to Action" ist eine Aufforderung, sich in den Newsletter einzutragen. Dieses Newsletter-Formular (oder Button) auf der Startseite hat eine wichtige Funktion: Sollte der Leser einmal die anderen Stellen, an denen er sich in deinen Newsletter eintragen kann, nicht finden, weiß er, dass es auf der Startseite möglich ist.
- **Aktuelle Blogartikel:** Unter dem Hero-Header sind die fünf bis sieben aktuellsten Blogartikel aufgelistet. Dein Blog ist eine Webseite, die regelmäßig neue Inhalte liefert, die idealerweise von der Startseite aus abrufbar sind.

- **Links zu Produkten/Starte hier/About etc.:** Weiter nach unten scrollend findet der Besucher Links zu deinem „Starte hier"-Bereich, zu deiner „Über mich"-Seite oder zu deinen Produkten und Dienstleistungen.

Auf der Startseite soll in zehn Sekunden und mit einigen wenigen Blicken klar werden, was der Leser alles von dir bekommt und worum es im Kern auf deinem Blog geht.

About bzw. „Starte hier"

Dies ist eine wichtige Seite, denn neue Leser wollen wissen, mit wem sie es zu tun haben. Noch wichtiger ist, dass sie die Funktion erfüllt, den Leser in deine Welt zu holen. Folgende Fragen musst du auf der „Starte hier"-Seite beantworten:

- Worum geht es auf deinem Blog?
- Was bekommt der Leser, was ist der Nutzen, welche Probleme löst du?
- Woran erkennt der Leser, dass er bei dir richtig ist?
- Für wen ist der Blog, für wen nicht?
- Wer bist du? (Infos rund um eine Person)
- Was sind die nächsten Schritte, nachdem der Leser den „Starte hier"-Bereich gelesen hat?

Kontakt

Die Kontaktseite macht es dem Leser möglich, direkt mit dir zu kommunizieren. Anfangs reicht ein einfaches Kontaktformular. Wenn dein Blog dann wächst und du mehr Leser hast, hat sich folgende Aufteilung auf der Kontaktseite als sinnvoll erwiesen:

- **Allgemeine Kontaktanfragen:** für allgemeine Fragen an dich oder zu deinem Blog sowie für Feedback und Anregungen.
- **Booking:** Wenn du Dienstleistungen oder Freelancing anbietest, richtet sich dieser Punkt an alle, die dir ihr Geld geben wollen.

- **Interviewanfragen, Kooperationen, Gastartikel:** für andere Blogger, Journalisten, Firmen etc.
- **Support:** für (angehende) Kunden, z. B. für Fragen zu deinen Produkten.

Kontaktseite clever nutzen

Diese Aufteilung ist sinnvoll, weil sich, wie du nach einiger Zeit bemerken wirst, die Anfragen inhaltlich wiederholen und du bereits im Kontaktformular darauf eingehen kannst. Außerdem kannst du wichtige Fakten vorab klären und so Zeit sparen. Im Online-Bonus-Bereich findest du Links zu einigen Beispielen.

Newsletter-Eintragung

Erfolgsfaktor E-Mail-Marketing

Auch wenn du es (noch) nicht glaubst, der Newsletter – und damit das E-Mail-Marketing – ist eines der wichtigsten, wenn nicht das wichtigste Element in deinem Blogbusiness. (Mehr dazu im Abschnitt 3.4.) Daher brauchst du eine Seite, auf der sich deine Leser in den Newsletter eintragen können und auf die du (z. B. innerhalb deiner Blogartikel) verlinken kannst.

Impressum, Datenschutz, Nutzungsbedingungen

Die rechtlichen Vorgaben, die du beachten musst, unterscheiden sich von Land zu Land. Wichtig ist, dass du auf jeden Fall ein Impressum und eine Datenschutzerklärung brauchst. Abhängig davon, was du auf deinem Blog anbietest und welches Businessmodell du verfolgst, kann es sein, dass auch noch Nutzungsbedingungen oder allgemeine Geschäftsbedingungen notwendig sind. Genaue Infos und Links zu diesen Themen findest du im Online-Bonus-Bereich. Nimm diese Seiten besser nicht auf die leichte Schulter, denn man ist schnell abgemahnt, wenn hier nicht alles perfekt ist.

Sidebar

Ein Blog hat neben den oben angeführten Seiten und den einzelnen Blogartikeln ein weiteres fixes Element: die sogenannte Sidebar. So wird die Spalte rechts oder links des jeweiligen Artikels genannt. Sie hat zwei wichtige Funktionen: Einerseits wird so der Bereich, in dem der Blogartikel steht, schmäler und der Text dadurch besser lesbar, andererseits lassen sich dort Inhalte platzieren, auf die der Leser dauerhaft aufmerksam gemacht werden soll. Feste Bestandteile einer Sidebar sind:

- **Vorstellung:** Neue Leser landen meistens nicht auf der Startseite, sondern auf einem Blogartikel, den sie über Social Media gefunden haben oder der ihnen empfohlen wurde. Deshalb ist es sinnvoll, ganz oben in der Sidebar eine kurze Vorstellung des Bloggers und der Bloginhalte (Elevator Pitch) zu platzieren.
- **Beliebte Artikel:** Artikel, die besonders oft gelesen, kommentiert und geteilt werden, finden sich in der Sidebar unter „Beliebte Artikel" (macht WordPress automatisch für dich). Dieses „Best of" bewirkt, dass Leser länger bleiben und mehr von dir lesen wollen.
- **Social Media:** Die sozialen Netzwerke sind für dich als Blogger sehr wichtig. (Mehr dazu in Abschnitt 3.3.) Die Links zu deiner Facebook-Seite, deinem Twitter-Kanal etc. sind deshalb in der Sidebar.
- **Newsletter-Opt-in:** Wie schon mehrfach erwähnt, solltest du deinen Lesern viele Möglichkeiten bieten, sich in deinen Newsletter einzutragen, so auch in der Sidebar, die bei jedem Artikel sichtbar ist.
- **Eigenwerbung:** Egal, ob du deine Produkte präsentierst, auf Events verweist oder zukünftige Projekte ankündigst, für Selbstpromotion ist die Sidebar ideal.

1. Informiere dich im Online-Bonus-Bereich über die technischen Basics, die du benötigst, um einen Blog aufzubauen.
2. Entscheide, ob du ein Selbermacher bist oder einen Profi beauftragen möchtest, der dich beim Aufbau der Webseite unterstützt.
3. Entwickle den Basis-Content für deinen Blog. Wichtig ist: Online gehen ist erst der allerletzte Schritt. Der Großteil der Arbeit findet statt, bevor du die Inhalte online stellst. Organisiere dich gut und lege für jeden Teil des Basis-Contents ein eigenes Dokument an. Erst wenn alles in Word (oder einem ähnlichen Programm) bereitsteht, wird die Webseite befüllt.

Content entwickeln, der wirkt

Legendärer Content Was ist legendärer Content, der bei deinen Lesern eine starke Wirkung hinterlässt? Das ist leicht definiert: Legendärer Content zieht neue und alte Leser an, verbreitet sich in Social-Media-Kanälen, bringt andere Blogger dazu, dich zu empfehlen, animiert deine Leser dazu, sich in deine Mailingliste einzutragen, liefert Mehrwert, inspiriert, hilft und ändert das Leben deiner Leser. Im besten Falle alles auf einmal. Aber schön langsam ... Wie schreibt man so einen legendären Blogartikel? Wie entwickelt man legendären Content?

Schau in den Kopf deines Publikums

Frage dich zunächst, welche Artikel du selbst gerne liest, was du davon hast, wie sie aufgebaut sind. Achte auf die Elemente in einem Artikel, die dich ansprechen, die dich wiederkommen oder „Gefällt mir" klicken lassen. Eines ist klar: Deine Leser und du seid euch sehr ähnlich. Ihr interessiert euch für das gleiche Thema. Ihr habt (oder hattet) die gleichen Probleme zu lösen, die gleichen Hürden zu nehmen. Es ist daher naheliegend, zuerst in deinen Kopf zu schauen.

Sobald deine ersten Artikel erschienen sind, wird es einfacher: Du bekommst Feedback. Leser schreiben dir, kommentieren, teilen sich mit. Achte darauf, notiere dir Fragen und Probleme, die an dich herangetragen werden, und liefere Lösungen. Achte auch darauf, welche Artikel (egal, ob von dir oder von anderen Bloggern) geteilt und „gelikt" werden. Was sind die Faktoren, die diese Artikel viral werden lassen? Erkenne die Muster, die sich dahinter verbergen, denn diese sind abhängig von Nische und Publikum immer anders.

Muster erkennen

Struktur & Dramaturgie

Es gibt mehrere Möglichkeiten, Blogartikel zu strukturieren: Ich schreibe meine Artikel gerne in einer Drei-Akt-Struktur, vergleichbar mit der Dramaturgie eines Theaterstücks oder Films: Der erste Akt umfasst die Einführung ins Thema und das Definieren des Status quo, der zweite Akt ist die Auseinandersetzung damit, das heißt das Aufzeigen der Lösungsmöglichkeiten, und der dritte Akt blickt ein wenig in die Zukunft, fasst zusammen oder wirkt auffordernd und motivierend.

Ähnlich ist die Struktur von Leo Babauta (Star-Blogger von zenhabits.net), der seine Artikel aufteilt in:
1. das „Intro", die Beschreibung des Problems,
2. das „What", in dem es darum geht, das Verständnis für die Veränderung zu schaffen,
3. das „How", das die Lösungsvorschläge und den Hauptnutzen für die Leser enthält, und
4. die „Conclusion", in der er noch einmal kurz zusammenfasst und dem Prinzip folgt: „Always end a post with something memorable", wie z. B. einem passenden Zitat oder einem Cliffhanger, der weitere Fragen aufwirft und auf den nächsten Artikel verweist.

Der Mehrwert

Niemals ohne
Mehrwert Schreibe keinen Artikel, der für die Leser keinen Mehrwert, keinen
Nutzen bietet. Bevor du einen Artikel schreibst, definiere stets die
eine Hauptaussage und das eine Learning, das die Leser mitneh-
men sollen. Auch wenn es ein zutiefst persönlicher Artikel ist, pa-
cke stets eine Kleinigkeit dazu, die die Leser einen Schritt weiterbringt. Ohne Mehrwert (mindestens eines der drei E's) gibt es für
die Leser keinen vernünftigen Grund, deinen Blog wieder zu besuchen.

Artikellänge

Oft wird über die Länge von Blogartikeln philosophiert. Es gibt
Blogger, die schwören darauf, kurze Artikel zu schreiben. Unter
„kurz" verstehe ich Artikel, die zwischen 250 und 400 Wörter haben, wie z. B. die Artikel von Seth Godin, einem der erfolgreichsten Blogger unserer Zeit. Andere empfehlen eindringlich, niemals
Artikel zu schreiben, die weniger als 2500 Wörter haben. Ein gutes Beispiel dafür ist der geschätzte Kollege Vladislav Melnik vom
Affenblog.

Du siehst, hier gibt es keine Faustregel, sondern es hat eher etwas
mit deinem persönlichen Schreibstil zu tun. Üblicherweise haben
meine Artikel rund 1000 bis 1500 Wörter, selten mehr. Danach habe ich meine Sichtweise klargelegt. Mein einfacher Vorschlag für
dich lautet daher: Experimentiere und achte darauf, was bei deinem Publikum gut funktioniert und bei welchen Textlängen du
dich wohl fühlst.

Der nächste Schritt

Blogartikel sind immer Win-win-Situationen. Oftmals wird gepredigt, dass es ausschließlich um den Nutzen für den Leser geht.
Wenn man mit einem Blogartikel Mehrwert und Nutzen geliefert

hat, dann hat man seinen Job erfüllt. Ich halte das für nicht ganz richtig. Dein Blogartikel muss natürlich deinen Lesern etwas bringen – doch dein Blogartikel muss auch dir etwas bringen.

Nein, ich meine nicht nur höhere Leserzahlen, Likes, Kommentare und andere Zahlen, die nur „Fancy Figures" sind und wenig über den Erfolg aussagen. Ein Blogartikel muss den Leser näher zu dir, deinen Inhalten und deinen Produkten oder Dienstleistungen bringen. Ein Blogartikel ist immer ein Schritt, um aus Lesern auch Kunden zu machen. Immer, immer, immer.

Aus Lesern Kunden machen

Überlege dir deshalb, was die „Call to Action" für den Leser am Ende des Artikels ist: Was soll der nächste Schritt sein? Kommentieren, weiterempfehlen, liken, sharen, in den Newsletter eintragen, Interesse an einem Produkt zeigen, ein Produkt kaufen, mit dir Kontakt aufnehmen ...? Veröffentliche nie einen Artikel, bevor du dir nicht den nächsten Schritt für dich und deine Leser überlegt und im Artikel auch klar dargelegt hast.

Den eigenen Ton finden

Zusätzlich zu den eben genannten Punkten machen zwei weitere Elemente deine Artikel zu etwas Besonderem: einerseits die Überschriften (mehr dazu im nächsten Abschnitt) und andererseits die Art und Weise, wie du deine Leser ansprichst, die sogenannte Tonalität. Dazu gibt es von mir eine klare Empfehlung:

Schreibe so, wie du sprichst!

Versuche nicht, deine Sprache „seriöser" oder „professioneller" wirken zu lassen. Benutze keine Wörter in deinen Texten, die du beim Sprechen nicht auch benutzt, schreibe keine Sätze, die du auf diese Art und Weise so niemals sagen würdest.

Alle Regeln und Tipps zum Finden der persönlichen Ansprache deines Publikums sind obsolet, wenn du einfach schreibst, wie du sprichst. Das hat erhebliche Vorteile, denn es wirkt authentisch, liebenswert und ehrlich und fördert die Wiedererkennbarkeit deiner Texte.

Ich habe für dich die Tipps zusammengestellt, die meiner Erfahrung nach zu authentischen Blogartikeln führen:

Kümmere dich nicht so viel darum, was andere denken!

Jedes Wort auf die Goldwaage zu legen, sich ständig zu überlegen, wie die Leser das verstehen könnten oder stets politisch korrekt zu sein, bringt dich ganz gewiss zu einem: zu schlechten Blogartikeln, die wie eine gute Trance-Induktion wirken und einfach nur Speicherplatz in deiner WordPress-Database einnehmen.

Die „Fantastischen Vier" haben es im Song „Lass die Sonne rein" gut auf den Punkt gebracht:

> *„Bleibe bloß du selbst, bleib ein Individuum und scher dich einen Dreck um das, was die anderen Leute tun."*

Feile nicht zu viel an Texten herum!

Dein Blogartikel ist nicht die Laudatio zum Nobelpreis oder die Rede des US-Präsidenten zur Lage der Nation und du musst auch nicht mit jedem Artikel Ernest Hemingway Konkurrenz machen. Du schreibst einen Artikel, um Menschen weiterzuhelfen, und nicht, um das Deutsch-Abi mit Auszeichnung zu bestehen. Ich kenne das von PR-Texten in Unternehmen: Jeder bringt sich ein, feilt, stellt um, entschärft, formuliert um, und am Ende kommt eine leblose Wort-Wüste raus, die keiner liest und die vor allem eines nicht tut: etwas bewegen!

Wirf das Synonymwörterbuch weg!

Ganz ehrlich: Wer benutzt denn schon statt „Kopf" das Wort „Haupt"? Niemand würde im echten Leben statt „lustig" das Wort „erheitert" verwenden. Ab jetzt schreibe ich übrigens keine Blogartikel mehr, sondern eine „Niederschrift" oder eine „Abhandlung".

Verwende in deinen Blog die Wörter, die du auch sonst im täglichen Leben benutzen würdest. Du hast keinen Bildungsauftrag (außer du hast einen Blog, der sich um „besseres Schreiben" bemüht). Ansonsten beschränke deine edukativen Bestrebungen bloß auf die Vermittlung der augenöffnenden Novitäten an deine Fanbase. (Ernsthaft? Das war jetzt ein Satz? Du weißt, was ich meine.)

Komm zum Punkt!

Endlose Einleitungen, unnötigerweise eingeschobene Überschriften, pseudo-persönliche Inhalte, die den Leser nicht weiterbringen (Nobody cares what you had for breakfast!), und vieles mehr – die Blog-Landschaft ist voll mit solchen Artikeln. Bitte lass das sein. Deine Leser schenken dir ihre Zeit. Sei die Zeit deiner Leser wert und schreibe kurz, knapp und mit so viel Mehrwert, wie du nur in einen Satz packen kannst. Wenn du zum „Schwafeln" neigst, dann nimm dir den Text, nachdem du ihn fertiggestellt hast, noch mal vor und kürze um ein Drittel (die Anzahl der Wörter kannst du dir z. B. in Word anzeigen lassen). Der Text ist nachher besser. Versprochen.

Um ein Drittel kürzen

Schreiben ist keine große Sache!

Viele (auch ich früher) betrachten das Schreiben als eine Art mystische Gabe, die nicht jedem in die Wiege gelegt ist, der man mit Hassliebe begegnet und wegen der viele Überwindung brauchen, um den ersten Satz zu schreiben.

Erstens: **Schaffe eine Schreibroutine.**

Zweitens: **Schreibblockaden sind ein Mythos.**

Drittens: **Schreiben ist Handwerk, nicht Kunst.**

Benutze auch mal ein Reizwort!

Nein, du musst nicht pausenlos „Fuck", „Shit" oder „Asshole" schreiben. (Wobei es Blogs gibt, die mit dieser Strategie echt weiterkommen, z. B. „The Middle Finger Project".) Aber hier und da mal ein Wort einzusetzen, mit dem der Leser nicht rechnet, kann nicht schaden. Lass zu, dass die Leser die Augenbrauen hochziehen und sich fragen: „Hat er/sie das jetzt wirklich geschrieben?", und löse damit vielleicht die eine oder andere Emotion aus.

Deine Artikel + viel Emotion = Dein Blog bleibt in Erinnerung.

Die Kunst der Überschrift

Jetzt mal ganz ehrlich: Hast du schon jemals online einen Artikel oder einen Beitrag gelesen, dessen Überschrift dich gelangweilt hat? Bist du schon jemals auf Facebook bei einer unspektakulären Überschrift hängen geblieben und hast dir gedacht: „Okay, die Überschrift ist zwar nichts Besonderes, aber der Artikel ist sicher toll"?

Eingangstür zu deiner Webseite Dir wird bereits klar, worauf ich hinauswill: Die Überschrift trennt die Spreu vom Weizen. Die Überschrift ist die Eingangstür zum Blogartikel, ja die Eingangstür zu deiner Webseite. Wenn die Überschrift dem Leser nicht spannend erscheint, dann klickt er nicht. Klickt er nicht, kommt er niemals, niemals, niemals auf deine Webseite.

Das bedeutet, dass jede Sekunde, die du investierst, um einen guten Artikel zu schreiben oder ein sensationelles Video zu drehen, völlig verschwendet ist, wenn die Headline den Leser nicht magisch anzieht.

· ·

Der beste Content ist sinnlos, wenn er nicht gelesen wird. Gelesen wird er nur dann, wenn es einen Grund gibt, ihn zu lesen. Und diesen Grund muss die Headline liefern.

· ·

Das Schöne ist: Überschriften zu schreiben ist ebenfalls keine Kunst, sondern Handwerk. Daher hab ich dir die besten Headline-Formeln zusammengestellt. Ich bin ganz ehrlich: Ich habe lange Zeit die Macht der Headline unterschätzt, und dadurch sind viele gute Artikel zu wenig gelesen worden. Mach nicht den gleichen Fehler! Nimm dir Zeit, die folgenden Headline-Formeln durchzuarbeiten, und nimm dieses Buch immer wieder zur Hand, wenn es darum geht, eine Überschrift für einen neuen Artikel zu formulieren.

Formeln, die deine Überschriften unwiderstehlich machen

Formel	Beispiel
Aufmerksamkeit erregen	Die letzte To-do-Liste deines Lebens
Neugierig machen	Die 29 Gesetze des Hamsterrades und warum sie niemandem auffallen
Polarisieren	10 Wege, wie du garantiert dein Geld versenkst
Den Inhalt wiedergeben	Die 12 Mythen, die dich von deiner Leidenschaft abhalten
Zahlen und Auflistungen	10 Schritte zum perfekten Aquarium
Klar machen, worum es im Artikel geht	Wie du deinen Kleiderschrank aufräumst
Zeigen, welchen Nutzen du lieferst	Ohne Gewissensbisse: So genießt du dein Essen, auch wenn du abnehmen willst

Ein wenig Misstrauen säen	Lügen übers Online-Business
Dich zum Erklärbären machen	10 sichere Methoden, um mehr Newsletter-Abonnenten zu generieren
Keine Angst vor ein wenig Lautmalerei	Verschwende dein Geld nicht in Immobilien, ohne deinem Makler diese eine Frage zu stellen
Den Leser direkt ansprechen	Du kennst dich mit E-Mail-Marketing aus? Diesen Trick kennst du noch nicht!
Regeln brechen	Warum „deine Berufung finden" nicht die Lösung ist
Fragen stellen, vielleicht sogar ein wenig zynische	Du willst ein Sixpack? Dann befolge diese 3 Regeln!
Ein unschlagbares Versprechen machen	Lifestyle Business aufbauen: Wie dein Traumurlaub dir dabei hilft
Deine Leser überraschen	Das ist kein perfekter Blogartikel
Harte Gesetze aufstellen	Höre sofort zu bloggen auf, wenn du nicht diesen einen Punkt abhaken kannst!
Klar adressieren	Für echte Anfänger: So funktioniert ein Online-Business!
Unglaublich spezifisch sein	Wie ich mit 2 kleinen Veränderungen in nur einem Monat die Anzahl meiner Blogbesucher verdreifacht habe
Außergewöhnliche Adjektive, Verben oder Substantive benutzen	Unmissverständliche Fakten, die dein Hamsterrad zum Bersten bringen
Die zweiteilige Headline	Die Kunst, ein Problem zu lösen: Wie du ab jetzt nicht mehr zweifelst, sondern handelst
Die Mini-Headline: 4 Wörter oder weniger.	So wirst du herausragend Aktien anlegen leicht gemacht Ich habe genug

Die Swipe File

Insider-Trick Swipe File? Okay, das ist nerdy, aber keine Angst, die Aufklärung folgt: Der US-Online-Marketer vergibt gerne sonderbare Namen, und ein „Headline Swipe File" ist nichts anderes als eine Sammlung an Elementen, aus denen erfolgreiche Headlines zusammengesetzt sind. Die zweite Möglichkeit sind „Fill the Blank"-Head-line-Vorlagen, also Überschriften, in die du nur noch bestimmte Worte einsetzen musst, um eine starke Headline zu kreieren. Das klingt zwar ein wenig unkreativ, zeigt aber auch eindeutig, dass Überschriften mehr Handwerk als Kunstwerk sind.

Im Folgenden findest du so ein Swipe File, mehr davon gibt's im Online-Bonus-Bereich. Dort steht auch ein Dokument mit weite-ren Beispielen für Überschriften zum Download für dich bereit.

· ·

Aufgabe

Nimm die folgenden Headline-Vorlagen als Anregung und schreibe
wild drauflos, was dir zu deiner Nische und deinem Thema einfällt.
Vermutlich sind nicht alle Headlines für deine Nische passend, aber
es geht nur darum, dass du in den „Headline-Modus" kommst. So
schaffst du gleichzeitig eine gute Basis für deine ersten Blogartikel.

- Löse das Geheimnis
- Entdecke …
    - … offengelegt
    - … erläutert/erklärt
    - … Insider-Wissen/
    Insider-Geheimnis
    - … magisch/-Magie
- Endlich! …
    - … garantiert!
- Nur für kurze Zeit!
- Die Wahrheit über …
- Welche von diesen ….
- Letzte Chance:
- Nutze jetzt den
    Vorteil …
- Gönne dir einmal …
- Möchtest du nicht
    auch …?

- Ich bin so sauer, weil …
- Ich glaube nicht, dass
    du …
- Die Geheimnisse von
    …, die du nicht wissen
    sollst/darfst
- Warnung!
- 10 Wege, wie du …
- Ein Schritt-für-Schritt
    System, dass …
- Halt! Wie du …
- Hör auf …
- Ich bin auf der Suche
    nach 100 Glücklichen
- Es war einmal …
- Erinnere dich, als …
- Unzensiert und
    ungekürzt

- Jeder weiß, dass …
- Tatsache: …
- … sagt, dass …
- Du bist dabei, zu ent-
    decken …
- Ich brauche Hilfe …
- Gratis-Bericht über …
- Exklusives Angebot
- Revolutionär
- Dringend
- Du kannst auch …
- Was wäre, wenn …
- Sofort, auf der Stelle
- Gib acht!
- Aufruf an alle …
- Neuvorstellung
- Wenn du dich um …
    sorgst …

- Du bist eingeladen ...
- 10 Gründe, warum ...
- Jetzt kannst auch du ...
- Erwiesen/bewährt
- Das gab's noch nie ...
- Stell dir vor ...
- Man hat mich ausgelacht, als ich sagte ...
- Wie ich ...
- Wie auch du ...
- Das perfekte ...
- Gestestet: ...
- Durchbruch
- Nur wenn du es auch ernst meinst ...
- ... benutzen auch ...
- Gratis: 30 Tage, 50 Seiten ...
- Ein einfaches System ...
- Das findest du nur hier ...
- Wie ein normaler ...
- Erlebe die ...
- Überleg dir, was deine Freunde sagen, wenn ...
- Stell dir das Lächeln von X vor, wenn ...
- Bist du auch müde/genervt von ...?
- Kauf nicht noch ein ...
- 10 Mythen über ...
- Die Top 10
- Wenn du ... werde ich ...
- Das Produkt X ist wie Y
- Lies das nicht, wenn du ...
- Kleine schmutzige Geheimnisse ...
- Was du lernen kannst
- Entweder ... oder ...
- Der X-Leitfaden zu Y
- Was du nicht über X weißt
- X Geheimnisse über Y

Die Kommentare deiner Leser

Kein Monolog — Ein wichtiges Merkmal eines Blogs ist, dass er kein Monolog sein darf. Das bedeutet, dass du deine Inhalte nicht nach draußen „predigst", sondern dass deine Leser Feedback geben, antworten, reagieren, dich loben, dich verteufeln und vieles mehr können. Letztlich ist das nichts anderes als einfach Kommunikation zwischen Menschen, nur nicht in der Realität, sondern virtuell über die Kommentarfunktion deines Blogs.

Unter jedem Artikel hat der Leser die Möglichkeit, einen Kommentar zu hinterlassen, indem er ganz einfach ein Formularfeld ausfüllt und diesen Text abschickt (keine Sorge, das macht WordPress ganz von selbst).

Warum du Kommentare brauchst und wofür sie gut sind

Kommentare zeigen neuen Lesern, dass dein Blog lebt. Das ist vergleichbar mit einem gut gefüllten Restaurant: Wenn du in einer fremden Stadt bist und essen gehen möchtest, dann gehst du vermutlich nicht in ein Lokal, das völlig leer ist, wenn direkt daneben ein Restaurant ist, dessen Tische fast alle besetzt sind. Bei einem Blog ist es ähnlich. Neue Leser fühlen sich einfach wohler, wenn sie sehen, hier wird interagiert, hier ist was los.

Abhängig von deiner Nische oder dem Thema des jeweiligen Artikels kann es sein, dass du mehr oder weniger Kommentare hast, dass deine Leser intensiv untereinander diskutieren und sogar streiten, dass viel positives Feedback zu deinen Inhalten kommt oder dass deine Leser sich völlig ruhig verhalten. Das ist von Blog zu Blog unterschiedlich. Je mehr du deine Leser kennst, umso besser kannst du auch steuern, wie sich die Kommentare entwickeln.

Suchmaschinen wie Google lieben Kommentare, denn sie sind ein einfacher Indikator dafür, dass die Inhalte deines Blogs qualitativ hochwertig sind. Denn Menschen nehmen sich nur dann Zeit, etwas zu schreiben, wenn es sich auch wirklich lohnt.

Suchmaschinen lieben Kommentare

Missverständnisse rund um Blog-Kommentare

Die Anzahl der Kommentare sagt allerdings nichts über die tatsächliche Reichweite oder gar über den wirtschaftlichen Erfolg deines Blogs aus. Ich habe sogar eher die Erfahrung gemacht, dass Leser, die kommentieren, keine Produkte kaufen, da ihre Motive, zu kommentieren, anders geartet sind. Mach dich also nicht verrückt, wenn bei dir wenig kommentiert wird, während sich bei einem Kollegen die Kommentare überschlagen. Ich nenne die Anzahl an Kommentaren eine „Fancy Figure", also eine Zahl, die keinerlei Rückschlüsse auf den tatsächlichen Erfolg deines Blogbusiness zulässt.

Warum du immer antworten solltest

Wenn du mit dem Bloggen anfängst, solltest du auf jeden Kommentar antworten. Einfach, weil es sich so gehört. Wenn in der realen Welt ein Mensch mit dir das Gespräch sucht, guckst du ihn ja auch nicht nur an und sagst nichts, sondern findest zumindest ein paar Worte zur Antwort. Das Gleiche gilt für den Umgang mit Kommentaren. Besonders in der Anfangsphase (im ersten Jahr) ist es absolut notwendig, auf jeden Kommentar zu reagieren. Hinzu kommt, dass durch deine Reaktionen klar wird, dass ein echter Mensch hinter dem Ganzen steht. Wenn dein Blog etabliert ist, dann kannst du beginnen, nur mehr auf konkrete Fragen zu reagieren oder dann, wenn du eine Klarstellung für nötig hältst.

Wie du mehr Kommentare bekommst

Aktiv zu Kommentaren aufrufen Wie sonst im Leben gilt auch bei Kommentaren: Wenn du etwas willst, dann ist der einfachste Weg, es zu bekommen, danach zu fragen oder darum zu bitten. Wenn du möchtest, dass deine Leser mehr mit dir interagieren und mehr kommentieren, dann ruf sie dazu auf und motiviere sie. Frag sie nach ihrer Meinung oder stelle provokante Thesen auf, um eine Reaktion herauszufordern. Natürlich kannst du deine Leser auch um Ergänzungen oder eigene Gedanken und Erfahrungen zu deinem Artikel bitten. Wichtig ist, dass du aktiv nach Kommentaren fragst und am besten am Ende des Artikels (denn dort ist ja das Kommentarfeld) nochmal einen Aufruf startest.

Die zweite Möglichkeit, mehr Kommentare zu bekommen, besteht darin, wie schon oben angeführt auf jeden Kommentar zu antworten. Wenn deine Leser wissen, dass sie eine Antwort bekommen werden, dann steigt natürlich auch ihre Motivation, Kommentare zu schreiben.

Wofür Kommentare außerdem gut sind

Kommentare können dir in der Anfangsphase deines Blogs auch noch auf andere Art von Nutzen sein, nämlich dann, wenn du selbst Artikel von anderen Bloggern kommentierst. Das Schöne daran ist, dass man beim Kommentieren seinen Namen und seine Webadresse hinterlassen kann. Die Kommentare sind somit eine weitere Möglichkeit, die Leser von anderen Blogs auf dich aufmerksam zu machen und gleichzeitig den Kontakt zu anderen Bloggern herzustellen. Man nennt das auch „strategisches Kommentieren", weil es nicht nur darum geht, deine Meinung zu äußern, sondern der Kommentar gleichzeitig die Aufgabe übernimmt, auf dich aufmerksam zu machen. Aber bitte nicht übertreiben, ein Kommentarfeld ist keine Litfaßsäule!

Strategisches Kommentieren

Wie du mit kritischen oder gar beleidigenden Kommentaren umgehst

Viele Blogger haben anfangs fast panische Angst vor allzu vielen kritischen oder gar beleidigenden Kommentaren. Meistens sind diese Bedenken völlig unbegründet, weil deine Leser dich in der Regel gern mögen. Sie lesen dich, weil sie dich gut finden, und nicht, weil sie ablehnen, was du tust. Daher hält sich wirklich negative Kritik in Grenzen (außer, du legst es zu sehr darauf an).

Solltest du dennoch kritische Kommentare bekommen, lautet ein wichtiger Grundsatz: Streite niemals online! Reagiere auf Kritik, stelle klar, aber rechtfertige dich nicht oder werde missionarisch. Bleib bei deiner Meinung und akzeptiere, dass es Leser gibt, die das nicht so sehen. Sollte jemand (und das passiert tatsächlich sehr selten) wirklich beleidigend oder ausfallend werden, dann lösche den Kommentar. Dein Blog, deine Regeln. Das hat nichts mit Zensur zu tun. Wenn jemand in der Nacht vor deiner Haustür stinkenden Müll ablädt, lässt du diesen ja auch nicht einfach

Nie online streiten

liegen. Halte deinen Blog sauber, so wie du es in der realen Welt auch tun würdest. (Tipps, wie du Spam vermeidest, findest du im Online-Bonus-Bereich – diesen Job übernimmt nämlich ein Online-Tool für dich.)

Success Story 5: Von der IT–Assistenz zum Beziehungscoaching

(Melanie Mittermaier, Melanie-Mittermaier.de)

Wenn man Melanie Mittermaier vor ein paar Jahren gesagt hätte, dass sie einmal ein erfolgreicher Beziehungscoach wird, hätte sie vermutlich nicht nur müde gelächelt, nein, sie hätte das für völlig unmöglich gehalten. Denn da wusch sie noch die Haare der FC-Bayern-Spieler und jobbte abends als Kellnerin. Sie arbeitete unglaublich viel, an manchen Tage fast rund um die Uhr, aber das Geld reichte nicht. Nie.

Ein schwerer Autounfall und eine gebrochene Wirbelsäule machten dieser Art von Jobs erstmal ein Ende.

„Mir war klar, dass ich so nicht weitermachen kann. Ich kündigte und wollte mir mit dem Geld, das ich von der Unfallversicherung bekam, in aller Ruhe etwas Neues suchen. Zuerst kam der öffentliche Dienst. Nicht gerade spannend, aber ich konnte mir mal alle möglichen EDV-Anwendungen selbst beibringen. Ich bin ein Excel-Freak geworden."

Das war aber erst der Anfang. Als nächstes Stand der Wechsel in ein IT-Unternehmen an. Melanies späterer Mann Andy engagierte sie, obwohl ihr Know-how in der IT recht überschaubar war. Doch die Firma ging beim Platzen der IT-Blase pleite.

„Das passierte mir dann noch mit mehreren IT-Firmen. Sobald ich als Assistentin begann, war das Unternehmen quasi dem Untergang geweiht", *witzelt sie.*

Die Geburt ihrer Kinder stimmte sie wieder nachdenklich. Sie begann, sich mit allen möglichen Bereichen der Persönlichkeitsentwicklung zu beschäftigen, und verschlang alles rund um das Thema Psychologie. Der Satz von Robert Betz – „Tu das, was dein Herz zum Singen bringt" – ging ihr dabei nie aus dem Kopf.

Ohne einen konkreten Plan zu haben, machte sie alle möglichen Coaching-Ausbildungen: von NLP über wingwave bis zu Kinesiologie und spirituellen Ansätzen.

„Hochmotiviert begann ich nun, als Coach tätig zu werden. Der Erfolg blieb aber aus. Ich war ein Wald-und-Wiesen-Coach. Ich coachte alles, was nicht bei drei auf den Bäumen war."

Ihre Freundin und Coach-Kollegin Christina Emmer (christinaemmer.de) richtete ihren Fokus auf ein Thema, das in Melanies Leben schon immer im Mittelpunkt stand, nämlich die Liebe. Selbst wäre sie vermutlich nicht so schnell auf die Idee gekommen, das zu ihrem Coaching-Fokus zu machen.

„Melanie, du musst bloggen. Mache doch bei Markus Cerenaks Business Momentum Contest mit. Da lernst du die Basics." (Anmerkung: Was ein Blog Contest ist, erfährst du im Abschnitt „Blog-Marketing-Werkzeuge".)

Melanie war aber felsenfest davon überzeugt, dass das nicht das Richtige für sie sei. „Ich kann nicht schreiben. Ich kann nicht bloggen. Ich kann das ganze Internet-Zeugs nicht", war scheinbar ihr Mantra.

Aber sie tat es trotzdem, und schnell stellte sie fest: Sie kann doch schreiben. Und es macht ihr Spaß. Im Rahmen ihrer NLP-Master-Ausbildung setzte sie sich dann das Ziel, einen Blog zu starten und wöchentlich einen Artikel zu schreiben, und zwar mit dem Fokus auf dem Thema Beziehung und insbesondere auf dem Nischenthema „sich fremd verlieben".

„Ich bemerkte, welche Aufgabe das Bloggen für mich ganz persönlich übernahm. Meine Gedanken wurden klarer und strukturierter. Ich wollte meine Message rüberbringen, und das regelmäßige Bloggen machte es möglich. Ich merkte, wie ich von Artikel zu Artikel besser wurde. Auch meine Leser bemerkten das."

Ihr Selbstwert stieg. Ihre Leserzahlen stiegen. Der Blog machte klar, was sie kann.

Die gebürtige Bayerin staunte nicht schlecht: „Und dann kamen die ersten Coaching-Anfragen. Aus Hamburg, Frankfurt, vom Genfer See und nach einem Gastartikel bei Markus Cerenak auch aus Österreich. Plötzlich musste ich mich nicht mehr um Klienten kümmern. Sie kamen zu mir. Einfach dadurch, dass sie einen meiner Artikel gelesen hatten."

Und es ging weiter. Es folgten TV-Auftritte (u. a. bei Beckmann), das von ihr ausgerichtete „Liebe Leben"-Event und konkrete Pläne für ein Buchprojekt gemeinsam mit einem führenden deutschen Verlagshaus.

„Für mich ist es keine Frage, dass der Blog diese Lawine ins Rollen gebracht hat. Ich bin sehr dankbar für den Weg von der Friseurin zur IT-Assistentin zur erfolgreichen Beziehungsbloggerin und Coach. Ich dachte nicht, das ein Blog das kann."

3.2 Blogartikelformate

Ein Blogartikel ist nicht gleich einem Blogartikel ist nicht gleich einem Blogartikel. Man kann ein und denselben Inhalt in verschiedene sogenannte Artikelformate gießen. Artikelformate gibt es unzählige. Die Wahl des „richtigen" Artikelformats für den jeweiligen Inhalt kann sich entscheidend auf den Erfolg des jeweiligen Blogartikels auswirken.

Und wie so oft gibt es Artikelformate, die sind ganz okay, es gibt solche, die wirklich gut funktionieren, und solche, mit deren Hilfe dein Blog durch die Decke geht. Auf Letztere habe ich versucht mich zu beschränken. Wir starten mit dem Klassiker. Meine Damen und Herren, darf ich vorstellen ... (Fanfare, Trommelwirbel) ...

Der List-Post

Vermutlich hast du schon einen gelesen. Ach was, mit Sicherheit hast du das schon, weil es sie überall gibt und viele Blogger immer wieder auf diese Form zurückgreifen. Warum? Weil das Ding einfach funktioniert. Ein List-Post geht immer ab wie eine Rakete. Also das heißt meistens. Wenn er gut ist.

Die Mutter aller Blogartikel

Was ist ein List-Post? Ganz einfach: eine Liste von Antworten, Themen, Problemen, Lösungen, Mythen, Geheimnissen, Tricks, Hacks, Tipps, Fehlern, No-gos, Musts, To-dos etc. Es gibt kurze List-Posts („3 Wege, um über Nacht reich und schön zu werden") und lange List-Posts („101 Tricks, wie du im Bett länger durchhältst").

Ich habe dir mal 11 Gründe zusammengestellt, warum List-Posts so beliebt sind (sowohl bei Lesern als auch bei Bloggern):

1. Suchmaschinen lieben List-Posts.

Die klare Struktur und die üblicherweise hohe Dichte an Keywords bringt Google dazu, Artikel dieser Art gut zu reihen.

2. List-Posts liefern klare Ergebnisse.

Eine Headline, die klarmacht, worum es geht, und eine Aufzählung, die die Antworten liefert. Was will man mehr von einem Blogartikel?

3. List-Posts sind ideal, um sie zu scannen.

Wer nicht viel Zeit hat, kann einen List-Post einfach querlesen, hat den Inhalt schnell erfasst und schnell Nutzen daraus gezogen.

4. Menschen mögen Listen.

Wir sind fasziniert von Listen. Denk allein an Bücher wie 101 Dinge, die man getan haben sollte, bevor das Leben vorbei ist.

5. Zahlen geben den Artikeln einen seriösen Touch.

„Hm, wenn es da 24 verschiedene Möglichkeiten gibt, scheint das ordentlich recherchiert zu sein. Den Artikel schaue ich mir mal an." Ein Gedanke, bei dem ich mich auch selbst immer wieder ertappe.

6. List-Posts liefern Nutzen.

Wenn sie gut gemacht sind, liefern List-Posts geballten Nutzen auf schnellstem Wege. Ein Problem, 27 Lösungen. Großartig.

7. List-Posts werden oft geteilt.

Weil Menschen Listen so sehr lieben, wollen sie sie auch mit anderen teilen. Dein Publikum wird also zu deiner persönlichen PR-Mannschaft.

8. Headlines mit Zahlen werden öfter geklickt.

Sobald in der Headline Zahlen stehen, klicken Menschen um

20 Prozent häufiger als sonst. Am besten funktionieren übrigens ungerade Zahlen.

9. List-Posts bringen Leser.

Naheliegend. Wenn ein List-Post so unglaublich viele Vorteile hat, dann bringt er auch Leser.

10. List-Posts sind leicht zu schreiben.

Die Struktur ist klar, die Recherche ist simpel und das Schreiben fällt durch die kurzen Aufzählungen und Absätze leicht.

11. Ein List-Post lässt neue Artikel entstehen.

Theoretisch kann man aus jedem einzelnen Punkt eines List-Posts einen kompletten Artikel schreiben. Das heißt, dies ist eine tolle Quelle für Blog-Ideen.

Okay, vermutlich bist du jetzt überzeugt und bereits hochmotiviert, deinen Blog mit List-Posts zu füllen. Daher habe ich für dich (wie könnte es anders sein) eine 11-Schritte-Liste zusammengestellt, die dir erklärt, wie du einen legendären List-Post schreibst:

11 Schritte, um einen List-Post zu schreiben

1. Suche ein starkes Problem aus.

Je stärker das Basisthema, das Problem, der Leidensdruck, umso besser funktioniert dein List-Post. Achte darauf, dass dir bei der Themenwahl von selbst bereits 3 bis 4 Punkte einfallen.

2. Sammle Ideen für die Liste.

Brainstorming, Internet-Recherche, Umfragen, Bücher, Magazine ... Sammle einfach verschiedene Antworten zum selben Problem. Suche stets mehr Ideen, als du vorhast, in die Liste zu packen.

3. Organisiere die Liste.

Schreibe die einzelnen Punkte lose auf und bringe die Liste in eine logische oder dramaturgische Reihenfolge. Überlege, wie die einzelnen Listenpunkte heißen, und stimme sie in Länge und Formatierung aufeinander ab.

4. Schreibe die Einleitung.

Wird oft vergessen, manche Blogger stoßen die Leser einfach in die Liste. Schreib eine nicht zu lange Einleitung, die klar macht, worum es geht.

5. Formuliere die einzelnen Punkte aus.

Formuliere die einzelnen Listenpunkte aus und achte darauf, dass sie harmonisch zueinander passen und kein Punkt eine „Sonderbehandlung" bekommt. Leg dann die Reihenfolge fest.

6. Schreibe den Schluss.

Auch das bleibt oft auf der Strecke. Auch wenn es viele Antworten gibt, bist du dem Leser noch ein abschließendes Statement schuldig.

7. Füge eine „Call to Action" hinzu.

Rufe den Leser auf, die Liste zu ergänzen und eigene Beispiele zu liefern. Ein List-Post hat viele Leser, dadurch kommen leicht viele Kommentare zustande.

8. Formatiere den Artikel.

Die Formatierung ist in WordPress angelegt. Überlege dir, wie du die Headlines und Texte der jeweiligen Punkte formatierst.

9. Verlinke zu externen Inhalten.

Ein List-Post wird von Google gemocht. Zusätzlich verstärken kannst du diesen Effekt, wenn du zu passenden externen Quellen verlinkst.

10. Checke die Nummern durch.

Es soll schon mal passiert sein, dass die Reihenfolge der Nummern falsch war oder ein Punkt der Aufzählung gefehlt hat ... hab ich mir sagen lassen. ;-)

11. Schreibe die Headline.

Schreibe die Headline erst am Ende, weil du nicht weißt, wie viele Punkte tatsächlich in der Aufzählung bleiben.

Eine Anleitung ist nicht genug. Ich fasse für dich jetzt auch noch zusammen, was du lieber vermeiden solltest.

Die 5 schlimmsten Fehler

1. Überstrapazieren
Manche Blogger schreiben nur List-Posts. Lass das bitte!

3. Nummerierung vergessen
Ein List-Post ohne Aufzählung ist kein List-Post, sondern nur eine Ansammlung kurzer Absätze.

2. Sich verzählen
Wie schon erwähnt: Fehler in der Nummerierung sind ein wenig peinlich. Über Perfektionismus diskutieren wir hier aber nicht. ;-)

4. Unterschiedliche Längen
Der eine Absatz der Aufzählung besteht aus zwei Zeilen, der nächste aus zehn Zeilen. Sieht nicht nur schlecht aus, sondern stört auch beim Lesen des List-Posts. Denn wenn der eine Punkt sehr kurz ist und der andere viel zu lang, dann ist das einfach blöd. Wie du vielleicht bemerkst, schreibe ich jetzt nur weiter, um dir zu demonstrieren, wie es aussieht, wenn plötzlich ein Punkt viel mehr Text hat als die anderen. Wenn du jetzt diesen Absatz noch immer liest, danke ich dir. Es ist aber sinnlos, weil dieser Text nur mehr Demo-Zwecken dient und keinerlei Nutzen in sich birgt. Genauso gut könnte hier Blindtext stehen.

5. Unlogische Reihenfolge
Wenn die Punkte nicht ineinandergreifen, verwirrt das den Leser mehr, als dass es ihn weiterbringt.

So jetzt habe ich drei Lists-Posts in einem Kapitel untergebracht. Ich denke, dir ist dabei klargeworden, wie dieses Format aussieht und funktioniert. Und du wirst gerade selbst bemerkt haben, wie leicht und flüssig sich solche Texte lesen lassen. Natürlich ist das nicht das ideale Format für eine Doktorarbeit, aber Blogartikel sollen ja gerade leicht zu lesen sein und auf einfache Art die Inhalte vermitteln, die du rüberbringen möchtest. Ein List-Post tut genau das.

Leicht und flüssig zu lesen

Der Round-up-Post

Als Nächstes geht es um ein Blogartikelformat, das gut für einen Blogstart oder Relaunch geeignet ist, aber auch ideal ist, um ein bestimmtes Thema aus mehreren Blickwinkeln zu beleuchten: der Round-up-Post!

Eine Frage, verschiedene Antworten

In einem Round-up-Post stellst du ein und dieselbe Frage an verschiedene Menschen, die zu diesem Thema entweder etwas Spannendes zu sagen haben oder generell Experten in deiner Nische sind, also Opinion-Leader, Businessleute, Blogger oder Menschen, die erfolgreich sind in dem, was sie tun. Daraus machst du einen Artikel, der die Antworten aller Befragten auflistet. (Im Online-Bonus-Bereich findest du ein paar Links zu Beispielen.)

Wichtig ist, dass du diesen Beitrag vorher planst und vor allem den Befragten eindeutige Vorgaben machst, was Umfang der Antwort und die Deadline betrifft. Schön wäre natürlich, wenn die Befragten selbst über eine Webseite verfügen oder auf anderen Wegen eine große Community ansprechen.

Der Nutzen für deine Leser

Ich finde es immer großartig, wenn sich verschiedene Menschen zu ein und derselben Frage äußern, weil dadurch die verschiedensten Facetten des Themas offengelegt werden. Ich habe es mir z. B. bei meinem Podcast zur Gewohnheit gemacht, meinen Interviewpartnern die gleichen Fragen zu stellen, und bin immer wieder erstaunt, welch unterschiedliche Antworten ich darauf erhalte. Der menschliche Aspekt steht beim Round-up-Post im Vordergrund, und deine Leser erfahren viel zu deinem Thema, und zwar rasch, effizient und von den verschiedensten Experten.

Der Nutzen für dich

Du kannst dir vorstellen, was passiert, wenn du z. B. zehn Menschen befragst und diese deinen Beitrag dann nach der Veröffentlichung in ihren jeweiligen Communitys oder auf ihren Webseiten verbreiten: Das bringt dir naturgemäß viele neue Leser.

Der Nutzen für die Interviewten

Auch der liegt auf der Hand, denn jeder promotet hier jeden. Alle haben ähnliche Interessen, somit auch ein ähnliches Publikum. Alle können ihren Horizont erweitern, und zugleich wird der Expertenstatus der Interviewten demonstriert.

Jeder promotet jeden

Schritt-für-Schritt-Anleitung

Der Round-up-Post schafft also eine klare Win-win-win-Situation: Dir bringt er viele neue Besucher, den Befragten ein Stück Imageaufbau und deinen Lesern spannende Informationen und die Gelegenheit, Expertenmeinungen zu vergleichen.

Hier folgt nun die Anleitung, um einen perfekten Round-up-Post zu erstellen:

1. **Definiere das Thema:** Sei dabei so konkret wir möglich, damit die Antworten nicht ausufern und alle in das gleiche Horn stoßen.
2. **Formuliere die Frage(n):** Mehr als zwei sollten es nicht sein, sonst wird es unübersichtlich. Sind es zwei Fragen, sollten sie ineinandergreifen oder aufeinander aufbauen.
3. **Suche die Interviewpartner aus:** Sei kreativ, kontaktiere Blogger, Autoren, Journalisten, Trainer, Businessleute, Künstler etc. Schau dir ihre Web- und Social-Media-Präsenz an, denn diese gilt es ja auch zu nutzen. Dann definiere die Anzahl der Interviewpartner.

4. **Kontaktiere die Interviewpartner:** Stelle kurz deinen Blog und dein Projekt vor, schicke die Fragen mit und umreiße den Umfang, den die jeweilige Antwort haben sollte. Nenne eine Deadline, gib den Interviewpartnern genug Zeit und rechne einen Puffer ein. Bitte auch um ein Foto, frage nach der genauen Berufsbezeichnung und nach der Domain, die du zu den Antworten stellst.

5. **Bleib dran und hole die Antworten ein:** Das kann eine echte Herausforderung sein. Manche liefern gleich, bei manchen muss man nachfragen.

6. **Mach eine Fotocollage:** Die Fotos, die du bekommen hast, werden hübsch arrangiert. Es gibt Grafik-Tools, die das für dich erledigen (z. B. Fotor).

7. **Veröffentliche den Blogartikel und promote, was das Zeug hält:** Informiere alle Beteiligten über die Veröffentlichung und bitte um Unterstützung via Webseite, Newsletter, Social Media, Podcast etc.

8. **Freue dich und bedanke dich:** Vermutlich ist der Artikel durch die Decke gegangen und alle sind glücklich. Schreibe danach eine Dankesmail an alle, die dabei waren.

Stats-Round-up Ein Sonderfall des Round-up-Posts ist der Stats-Round-up. Hier geht es nicht darum, Zitate von anderen Bloggern oder Unternehmern einzuholen, sondern Zahlen und Fakten zu einem bestimmten Thema zu sammeln. Die Fakten sucht man sich von verschiedenen Webseiten zusammen, verlinkt diese und informiert die Seitenbetreiber darüber, dass sie bei diesem Blogartikel mit dabei sind.

Der Link-Post

Auch dieses Artikelformat schafft eine Win-win-win-Situation, ähnlich wie der Round-up-Post. Der Link-Post widmet sich exklusiv deinen Blogger-Freunden und ist somit perfekt, um dein Netzwerk zu erweitern. Da der Link-Post ein relativ einfaches, aber sehr effektives Format ist, hier in aller gebotenen Kürze, worum es geht:

Gut fürs Blogger-Netzwerk

Bei einem Link-Post empfiehlst du andere Webseiten bzw. Blogs. So einfach ist das. Du empfiehlst befreundete Blogger, Podcasts, Webshops, Serviceseiten oder Webseiten, die zu deinem Blogthema oder deiner Nische passen oder sie ergänzen (abhängig von deinem Publikum und deinen Kunden kann das eine spannende Zusammenstellung werden).

Auch hier liegt der Nutzen für alle auf der Hand: Du empfiehlst Kollegen, Mitstreiter, ja vielleicht sogar Mitbewerber, und sie unterstützen dich, indem sie den Artikel an ihre Community weiterverteilen.

Unterstützung dank Empfehlung

Schritt-für-Schritt-Anleitung

Wie entsteht ein Link-Post? Hier eine Anleitung in drei Schritten:

1. **Die Auswahl:** Wichtig ist, dass du nicht irgendetwas empfiehlst, sondern nur Blogs, die du tatsächlich liest und über die du ein paar Worte sagen kannst. Deshalb solltest du generell deine Blogger-Kollegen beobachten, um zu wissen, was sich tut und wer für dich und deine Leser Wertvolles liefert.
2. **Artikel schreiben:** Neben ein paar Sätzen zum jeweiligen Blog und der Begründung, warum du ihn empfiehlst, bietet sich auch ein Screenshot des empfohlenen Blogs an. Das WordPress-Plug-in „BrowserShots" übernimmt diesen Job für dich.
3. **Informiere die Glücklichen:** Bevor der Artikel erscheint, informiere alle darin empfohlenen Blogger per E-Mail oder via Facebook, dass sie auf deiner Top-Liste stehen. Große Freude und fröhliches Teilen wird die Reaktion sein.

Du siehst, so ein Link-Post ist eine gute Sache: Er bringt „Good Vibes" unter Bloggern, weist deine Leser auf neues Lesefutter hin und sorgt für ein paar Leser mehr durch die gegenseitige Empfehlung. Angenehmer Nebeneffekt: Der Link-Post macht nicht allzu viel Arbeit.

Der Interview-Post

Es ist über 15 Jahre her, dass ich mein erstes Interview führte. Ich studierte Musikwissenschaft und hatte es mit viel Aufwand geschafft, ein deutschsprachiges Musikmagazin von meinen journalistischen Fähigkeiten zu überzeugen (die ich noch nicht hatte) und mir eine Chance zu geben.

Als Einstand bekam ich ein Interview mit einem Opernsänger. Einem bekannten Opernsänger. Einem sehr, sehr schwierigen Opernsänger. Einer, der dafür bekannt war, mitten während der Aufführung abzubrechen und die Bühne zu verlassen, nur weil er dachte, er könne gerade nicht seine volle Leistung bringen. Und der außerdem dafür bekannt war, Interviews abzubrechen, wenn ihm was nicht passte.

Warum ich genau diesen Interviewpartner als Allererstes bekam, weiß ich nicht, aber ich bin sehr dankbar dafür. Habe ich doch bereits aus meiner Interviewpremiere viel gelernt. In weiterer Folge wurde ich dann der Experte für die „Schwierigen", also für die Künstler, deren Handhabung im Interview ein wenig kompliziert war. Ich habe dadurch sehr viel über den Umgang mit Menschen gelernt. Ich fand das spannend, und das geht mir bis heute so. Interviews gehören zu den spannendsten Dingen, die es gibt. Ein paar Regeln sollte man dabei allerdings beherzigen.

Warum ein Interview?

Doch warum solltest du als Blogger überhaupt Menschen interviewen? Darauf gibt es eine klare Antwort: weil dadurch die Inhalte wertvoller werden. Der Wert und der Nutzen für den Leser steigen, wenn Aspekte aus einem anderen Blickwinkel beleuchtet werden. Dein Leser erhält Expertenwissen aus erster Hand.

Allerdings sollte dir bewusst sein, dass das Lesen von Interviews nicht jedermanns Sache ist. Setze dieses Blogartikelformat (wie auch die anderen bereits vorgestellten) sparsam und mit Bedacht ein.

Der Nutzen für dich als Blogger besteht darin, dass du mit Menschen in Kontakt kommst, die entweder eine spannende Leserschaft, Zielgruppe oder Fangemeinde haben oder für dein Netzwerk wichtig sind. Und nicht zuletzt lernst du einfach spannende, neue Menschen kennen. Bei mir haben sich aus Interviews sogar immer wieder Freundschaften entwickelt.

Die drei Formen: Vor- und Nachteile

Das schriftliche Interview ist am einfachsten zu organisieren und der Aufwand ist gering. Es muss kein gemeinsamer Termin gefunden werden. Einfach den Interviewpartner kontaktieren, die Fragen schicken und ein paar Mal nachhaken – fertig. Dadurch wird aber auch gleich der Nachteil offenkundig: Es ist die unpersönlichste Form des Interviews. Du kannst nicht flexibel auf die Antworten eingehen, kannst nicht nachfragen, wenn es spannend wird, oder nachbohren, wenn die Antwort ausweichend war. **Das schriftliche Interview**

Auch hier gestaltet sich die Terminfindung noch recht einfach, denn ihr seid örtlich unabhängig. Zugleich ist es in einem Telefonat bereits sehr gut möglich, beim Interview auf den Partner einzugehen. Idealerweise sieht man sich auch dabei, sodass sich eine Art Beziehung entwickeln kann. Da aber die **Das Skype- Interview**

Technik ein wichtiger Faktor ist, kann es bei Videotelefonaten immer wieder zu Problemen kommen. Das beginnt damit, dass der Interviewpartner Skype nicht installiert hat, geht über Probleme mit der Internetverbindung bis hin zu den technischen Hürden bei der Aufnahme von Ton und Bild. Daher sollte der Interviewpartner (wenn möglich) das Gespräch auch mitschneiden, um ein Back-up zu haben. Ein weiterer Nachteil ist offensichtlich: Das aufgenommene Gespräch muss noch transkribiert werden. Der Aufwand ist also höher als beim schriftlichen Interview, aber das Ergebnis ist bei Weitem besser und persönlicher.

Das persönliche Interview Die Frage nach Ort und Zeit des Interviews kann hier ein echtes Problem darstellen. Vor allem die Örtlichkeit muss klug gewählt sein, um in Ruhe das Interview führen zu können. Auch hier kann dir außerdem die Technik in die Quere kommen. Mir persönlich ist es noch nie passiert, aber ich kenne Kollegen, die lange Interviews geführt haben und dann feststellen mussten, dass der Mitschnitt nicht funktioniert hat. Daher ist es wichtig, die Technik doppelt und dreifach zu checken und idealerweise immer ein Back-up zu haben. Der nachträgliche Transkriptionsaufwand fällt natürlich auch hier an. Eines steht aber fest: Das beste Interviewergebnis entsteht noch immer im persönlichen Gespräch. Wenn möglich, sollte man also diese Form wählen.

Die Interview-Checkliste

Hier noch eine kurze Checkliste, die alle Punkte enthält, die es bei Interviews (ein wenig abhängig von der jeweiligen Form) zu beachten gilt.

✓ **Vorbereitung:** Du musst dich über den Interviewpartner, seine Welt, was er tut etc. vorab gut informieren, denn sonst wirst du nicht gut auf seine Antworten eingehen können und als Interviewer auch nicht kompetent wirken.

✔ **Aufwärmen und Vertrauen aufbauen:** Plaudere zunächst ein wenig und falle nicht mit der Tür ins Haus, sodass ein Draht zwischen euch entsteht und es menschlich wird.

✔ **Die Einstiegsfrage:** Wenn du nicht (so wie ich bei meinen Podcasts) immer den gleichen Fragenkatalog hast, dann überlege dir eine Einstiegsfrage, die deinem Interviewpartner zeigt, dass du dich mit ihr/ihm beschäftigt hast. Es gibt nichts, was mehr Vertrauen schafft.

✔ **Der zeitliche Rahmen:** Abhängig von deinem Fragenkatalog musst du abschätzen, wie lange das Interview dauern wird, und das auch klarmachen. Das verhindert das Worst-Case-Szenario: Der Interviewte bricht aus Zeitgründen ab.

✔ **Pressesprecher & PR-Menschen:** Bei bekannteren Interviewpartnern kann es sein, dass der PR-Verantwortliche dabei sein will. Kläre das vorher ab und vermeide dies, wenn möglich.

✔ **Der Fragenkatalog:** Es gibt zwei Herangehensweisen: Fragen vorab schicken, sodass sich der Interviewpartner vorbereiten kann, oder die Fragen einbehalten und nur einen Abriss darüber geben, worum es geht, um dadurch spontanere, authentischere Antworten zu bekommen. Wie du das handhabst, bleibt dir überlassen oder wird vom Interviewpartner vorgegeben oder gewünscht.

✔ **Nur eine Person interviewen:** Ich habe es immer wieder versucht, aber Interviews mit mehreren Personen machen keinen Spaß und das Ergebnis ist meistens unterdurchschnittlich.

✔ **Der Interview-Prozess:** Ein Interview ist ein aktiver Prozess. Es ist wichtig, dass du dich nicht als passiver Fragesteller siehst. Sei dabei, zeige Begeisterung, gehe auf dein Gegenüber ein, frage nach, bohre nach, hake ein. Sei andererseits auch der perfekte Zuhörer und halte den Mund, wenn dein Interviewpartner in Fahrt ist. Wichtig ist, dass du dabei stets die Zügel in der Hand behältst und alle Fragen durchbringst, die dir wichtig sind. Bleibe hartnäckig, wenn der Partner ausweicht.

✔ **Das „heikle" Ende:** Wenn du eine Frage hast, die heikel ist, das heißt, die den Interviewten emotionalisieren oder gar verärgern könnte, dann warte damit ab. Wenn du diese Frage unbedingt stellen willst, dann muss das ganze Interview harmonisch und gut verlaufen. Stelle diese Frage erst am Ende, sodass sie eventuell unbeantwortet bleiben kann und du das Interview danach beenden kannst. Nichts ist schlimmer, als ein Gespräch weiterführen zu müssen, wenn dein Gegenüber verärgert ist. Gehe aber natürlich auch bei der letzten Frage respektvoll mit deinem Gesprächspartner um.

✔ **Die Freigabe:** Kläre am Ende wie, von wem und in welcher Form das Interviewergebnis begutachtet wird, bevor es erscheint. In der Medienbranche spricht man von der sogenannten „Freigabe". Das ist ein wichtiger Faktor. Plane dafür Zeit ein und hole alle Kontaktinformationen ein, die dafür notwendig sind.

Win-win-win-Situationen schaffen

Ein Interview ist immer für beide Seiten eine tolle Sache. Probiere es aus und überlege dir, wer dein nächster Interviewpartner für deinen Blog sein könnte. Denke wie immer in Win-win-win-Situationen, also daran, dass ein Nutzen für deine Leser, den Interviewten und auch für dich entstehen soll.

Weitere Artikelformate

Man könnte definitiv ein ganzes Buch mit Blogartikelformaten füllen. Einige weitere stelle ich dir hier noch vor, und der Online-Bonus-Bereich liefert dir dann Links zu einem riesengroßen Fundus an Blogartikelformaten und Ideen.

Quote-Post

Ein Quote-Post ist ein Artikel, der Zitate rund um einen bestimmten Teilbereich deines Themas oder von einer bestimmten, für dein Thema relevanten Person zusammenfasst. Menschen lieben Zitate. Solche Artikel werden gerne über Social Media verbreitet, z. B.: „Die schönsten Zitate über Blumen".

How-to-Post

In diesem Artikel gibst du quasi den Erklärbär: Du erklärst einen bestimmten Prozess aus deiner Nische Schritt für Schritt, sodass jeder deiner Leser es ganz einfach nachmachen kann, z. B.: „Orchideen umtopfen: Eine Schritt-für-Schritt-Anleitung für Anfänger".

Personal Post

Das ist ein Artikel, der sich ganz persönlichen Dingen widmet und nicht unbedingt etwas mit deinem Blogthema zu tun haben muss. Dieser Artikel hat die Aufgabe, dich und deine Leser einander näher zu bringen, z. B.: „15 erstaunliche Fakten, die du noch nicht über mich wusstest".

Look-back-Post

Dieser Artikel blickt zurück und lässt Revue passieren, beispielsweise in Form eines Monats- oder Jahresrückblicks. Er wird manchmal auch mit einem Behind-the Scenes-Post kombiniert, z. B.: „Mein Blog für Orchideenzüchter: Die erfolgreichsten Artikel des vergangenen Jahres".

Behind-the-Scenes-Post

Wie der Name schon sagt, gibt der Post Einblick in deine Arbeit. Von Filmen ist bekannt, dass Menschen das „Making of" lieben. Wenn du dir als Blogger auch ein wenig in die Karten schauen lässt, ist das für deine Leser interessant, z. B.: „Orchideen züchten – wie ein Onlinekurs entsteht".

Case Study

Mit einer Case Study (dt. Fallstudie) erbringt man Beweise für die eigenen Thesen und untermauert dadurch den eigenen Expertenstatus. Dieser Artikel ist eine Mischung aus How-to und Behind-the-Scenes, z. B.: „Wie du Orchideen rettest – meine Methode im Praxistest".

Review-Post

In einem Artikel dieser Art widmest du dich einem Buch, einem Produkt oder einer Dienstleistung und teilst deine Erfahrungen, beurteilst, empfiehlst oder kritisierst. Auch hier untermauerst du deinen Expertenstatus und nimmst dem Leser Entscheidungen ab, z. B.: „10 verschiedene Orchideendünger im Test: Welche du kaufen musst und von welchen du die Finger lassen solltest".

Crowdsourced

Ein ähnlicher Artikel wie der Round-up-Post, nur dass du hier verschiedene Menschen zu deinen Themen relevante Empfehlungen aussprechen lässt, z. B.: „21 Bücher, die du über Orchideen gelesen haben musst".

FAQ-Post

Ein Artikel für die Anfänger unter deinen Lesern, in dem du die typischen Fragen und Probleme klärst, die Menschen haben, wenn sie beginnen, sich mit deiner Nische näher zu beschäftigen. Keine Angst, auch Leser, die schon länger dabei sind, wissen solche Artikel zu schätzen, z. B.: „Alles was du über Orchideen wissen musst: Ein Crash-Kurs für Anfänger".

Content-Aggregator

Hier stellst du Inhalte von anderen Bloggern in deiner Nische zusammen. So schaffst du einen guten Überblick für deine Leser und promotest gleichzeitig die Inhalte deiner Kollegen, die dir dafür dankbar sein werden, z. B.: „10 kostenlose E-Books für Orchideenfans".

Survey-Post

Ein Survey-Post ist ein Artikel, der gleichzeitig eine Umfrage startet. Umfragen sind ein wichtiges Tool, um deine Leser und Kunden besser kennenzulernen. Du kannst regelmäßig (z. B. zweimal im Jahr) Umfragen starten oder zu bestimmten Anlässen, z. B.: „Die jährliche Orchideen-Blog-Leserumfrage" oder „Der Orchideen-Online-Kurs – du bestimmst, was drin ist".

Aufgaben

1. Nimm deine gesammelten Überschriften her und entwickle daraus eine Liste mit Blogartikelideen.
2. Weise jeder Blogartikelidee ein passendes Artikelformat zu und notiere die Stichworte, die dir dazu spontan einfallen.
3. Gehe die verschiedenen Blogartikelformate durch, und sammle die weiteren Blogartikelideen, die dir dabei einfallen.
4. Geh in den Online-Bonus-Bereich – dort wartet eine Liste mit ganzen 75 Blogartikelideen auf dich! Lies sie durch, wähle für dich geeignete Ideen aus und bringe schließlich all deine Ideen in eine sinnvolle, für die Leser abwechslungsreiche Reihenfolge. Im Handumdrehen hast du einen sehr umfangreichen Redaktionsplan erarbeitet!

3.3 So bekommst du Leser für deinen Blog

Jetzt geht es um eine wichtige Frage, vermutlich die wichtigste Frage überhaupt: Woher kommen die Leser und Kunden? Dazu möchte ich dir noch einmal etwas in Erinnerung rufen, das ich am Anfang erwähnt habe und das wir uns jetzt wieder zunutze machen können, nämlich die Motivation, warum Menschen überhaupt online gehen. Hast du die beiden Gründe noch im Kopf? Richtig: um sich zu unterhalten oder um ein Problem zu lösen.

Beide Motive können und werden wir mit meinen Strategien bedienen, wobei du mit den Lesern, die ein Problem lösen wollen, mehr anfangen kannst. Denn diese haben zusätzlich noch eine hohe Kaufbereitschaft. Auch das haben wir schon einmal kurz angerissen: Wer ein Problem hat und online nach Lösungen sucht, ist auch bereit, Geld für eine Lösung auszugeben.

Besucherquellen In den folgenden Abschnitten erfährst du, welche Möglichkeiten es überhaupt gibt, Besucher für deinen Blog zu gewinnen, anschließend konzentrieren wir uns auf ein paar erfolgserprobte Strategien, die das für dich erledigen können.

Suchmaschinen

Sehr naheliegend ist natürlich der Gedanke, dass deine Leser dich über Suchmaschinen wie Google, Bing oder Yahoo finden. Eigentlich nur über Google. Die anderen kann man getrost vernachlässigen. Ein Missverständnis möchte ich gleich zu Beginn ausräumen: Nein, Google reiht deinen Artikel mit dem Titel „Wie nehme ich schnell ab" nicht sofort, nachdem du ihn veröffentlich hast, auf Seite 1 der Ergebnisse zum Suchbegriff „Abnehmen".

Wie man es anstellt, im Google-Ranking auf die ersten Seiten zu gelangen, ist eine Wissenschaft für sich, zu der es ganze Bücher gibt. Allerdings ist es eine sehr unpräzise Wissenschaft, weil niemand (außerhalb von Google) genau weiß, wie der Google-Algorithmus, der entscheidet, was ganz vorne steht, arbeitet.

Google ist ein wichtiger Lieferant neuer Leser, aber meist nur auf lange Sicht betrachtet. Es würde den Rahmen dieses Buches bei Weitem sprengen, wenn ich hier die Strategien der sogenannten Suchmaschinenoptimierung erklären würde. Im Online-Bonus-Bereich gibt es jede Menge weiterführenden Lesestoff dazu. Außerdem gibt es eine gute Nachricht: Du musst dich nicht auf Google verlassen.

Suchmaschinenoptimierung

Social Media

Die Social Media sind für viele Blogs (auch für meinen) ein starker Traffic-Lieferant. Facebook, Twitter, XING und Konsorten können dir, wenn du sie richtig einsetzt, gehörig beim Blogstart, aber auch beim dauerhaften Steigern deines Blog-Traffics helfen.

Dazu habe ich die sogenannte „Small Army"-Strategie eingesetzt, die schon bei einigen von mir unterstützten Blogstarts den Unterschied gemacht hat. Das Angenehme daran ist, dass du dafür in erster Instanz kein Geld brauchst, sondern die viralen Möglichkeiten nutzt, um Menschen auf deinen Blog zu holen. Die Social-Media-Strategie „Small Army" erfordert etwas Planung und vor allem soziales Fingerspitzengefühl. Das wirst du als zukünftiger Blogger aber ohnehin benötigen.

Virale Möglichkeiten nutzen

Das ganze System fußt darauf, dass dir deine Freunde und Bekannten auf Facebook, eine Zeit lang (nicht allzu lange) bei deinem

Blog(re)start helfen. Es geht darum, dass sie dich dabei unterstützen, deine Inhalte und Artikel zu verbreiten. Grundvoraussetzung ist ein Facebook-Freundeskreis, der aber gar nicht so groß sein muss. Sobald du mehr als 100 Kontakte auf Facebook hast, funktioniert diese Strategie bereits bestens. (Natürlich kann diese Strategie auch in anderen Netzwerken wie Google+, XING oder LinkedIn angewendet werden.)

Die „Small Army"-Strategie

Egal, ob du komplett neu startest oder deinem Blog einfach einen gehörigen Promotion-Kick geben willst, das Prozedere ist ganz einfach. Jedes Mal, wenn du einen Artikel veröffentlichst, kontaktierst du Teile deiner „Small Army" und bittest sie, den Artikel auf Facebook zu teilen, und das idealerweise möglichst gleichzeitig. Es ist vergleichbar mit ein paar Dominosteinen, die umfallen und immer mehr Steine mitreißen: Eine Handvoll Menschen teilt auf Facebook, andere Menschen sehen das, lesen, liken, teilen auch, weitere sehen es und so weiter ...

Die Botschafter

Zunächst suchst du dir für diese Facebook-Strategie Freunde, die dich unterstützen. Das sind Menschen, die dich kennen und dir nahestehen. Bei dieser Gruppe musst du sehr behutsam vorgehen. Hier hast du die größten Chancen, kannst aber natürlich auch schnell nerven.

25 enge Freunde

Es hat sich als sinnvoll erwiesen, 25 enge Freunde zu definieren, von denen du weißt, dass sie gut finden, was du tust, und die bereit sind, dir zu helfen. Dabei ist es nicht so wichtig, ob sie sich selbst für dein Thema interessieren. Sie sollen dich nur weiterempfehlen, natürlich unter der Voraussetzung, dass sie das wollen und von der Qualität deines Blogs überzeugt sind. Deine Freunde dürfen sich nicht „ausgenutzt" vorkommen, und das darf auch nicht deine Intention sein. Schildere einfach, wie sehr dir das Projekt am Herzen liegt und wie wichtig ihre Unterstützung für dich ist.

Eines ist klar: Echte Freunde sind echte Freunde, und bleiben dies auch, egal wie sehr oder wie wenig sie dich unterstützen. Meine 25 Botschafter haben sich von der Qualität meiner Artikel überzeugt und in der Anfangsphase einfach die Artikel beim Erscheinen geteilt.

Die Statistik besagt, dass jeder Facebook-Nutzer über 300 Freunde hat. Das bedeutet, dass ein Sharing von 25 Freunden potenziell über 7000 Facebook-Nutzer erreicht. Wenn die Botschafter das einige Male tun, kommt allein dadurch ein viraler Effekt zustande. Die Botschafter werden deshalb so oft wie möglich darüber informiert, wenn ein neuer Artikel erschienen ist. Sie sind quasi die Stützpfeiler dieser Strategie, weil sie die Dominosteine in den ersten Wochen immer wieder umwerfen.

Die Seneschalle

Als Nächstes wählst du rund 100 weitere Facebook-Freunde aus, die du kennst und die dich und/oder deine Arbeit schätzen, dir aber weniger nahestehen. Ich nenne sie die Seneschalle. (Ich gestehe, ich habe ein Faible für „eigene", selten genutzte Worte.) Diese Freunde kontaktierst du seltener als die Botschafter. Ich habe bei meinem Start jeden dieser Kontakte in den ersten vier Wochen maximal zweimal informiert, also rund drei Kontakte pro Tag.

100 Facebook-Freunde

Auch hier ist es wichtig, dass du niemandem auf die Nerven gehst und immer respektvoll dein Anliegen vorbringst. Wenn jemand sich für dein Projekt nicht interessiert, akzeptiere das und lasse die private Beziehung nicht darunter leiden. Wenn dein Blog gut ist, wird er deinen Bekannten aber gefallen oder sie kennen jemanden, dem sie deinen Blog empfehlen können und das auch wollen.

Du kannst dir vielleicht schon vorstellen, dass allein diese Maßnahme einen gehörigen Stein ins Rollen bringt. Und nur den brauchst du. Denn wenn der Stein mal rollt, dann übernimmt dein Content und holt immer mehr Menschen auf deinen Blog!

Den Stein ins Rollen bringen

Facebook-Gruppen

Auf Facebook gibt es Gruppen, also virtuelle Orte, an denen sich Menschen mit ähnlichen Interessen austauschen. Ein wichtiger Schritt dieser Facebook-Strategie besteht darin, Gruppen zu suchen, in denen sich Menschen aufhalten, die sich für dein Thema bereits interessieren oder die aus ihrer Grundhaltung heraus Interesse zeigen könnten. Denke hier ein wenig um die Ecke und erinnere dich an die Kapitel zum Thema Zielgruppe, in denen wir uns die Frage gestellt haben: Wo ist deine Zielgruppe jetzt?

Beispiele Wenn du z.B. einen Blog über Orchideenzucht schreibst, dann suche nicht nur „Orchideen-Gruppen" auf Facebook. Vermutlich sind Menschen, die sich für Orchideen (dekorative Zimmerpflanzen) interessieren, auch in „Schöner-Wohnen-Gruppen" unterwegs. Bloggst du beispielsweise über Ernährung, dann ist deine Zielgruppe auch in Gruppen über persönliche Weiterentwicklung, Achtsamkeit oder Entspannungstechniken zu finden.

Gruppen auf Facebook haben ihre eigenen Gesetze. In manchen ist es erwünscht, die eigenen Blogartikel zum Thema passend zu verbreiten, in anderen ist dies Tabu. Hier ist eines wichtig: Sei kein Spammer! Gruppen haben eigene Interessen und sind erst in zweiter Linie an deinem Content interessiert.

Keine Werbung Mach also keine Werbung für dich, sondern diskutiere, unterstütze, hilf mit und stelle nur ganz nebenbei dein Projekt vor. Manchmal wird dir Wind ins Gesicht blasen, die ein oder andere Gruppe wird dich aber auch begeistert bei deinem Projekt unterstützen. Bleibe jedoch stets Mensch und kommuniziere auch so.

Sharing & Seeding

Plane nun, wann du deine Artikel auf Facebook verteilst, wann deine Botschafter und Seneschalle sie verteilen, wann du in Gruppen postest und wann du weitere Kanäle, z. B. Twitter, Pinterest, XING, Google+, LinkedIn etc., begleitend einsetzt.

Streue nicht alles auf einmal, sondern verteile denselben Artikel über verschiedene Tage und Tageszeiten und überprüfe stets, was sich wodurch verändert hat. Nach kurzer Zeit bekommst du ein Gefühl dafür, wann du wo welche Information in welcher Form verbreiten solltest.

Aus diesen Erfahrungen machst du eine Tages-To-do-Liste, führst Buch, wo was wann wie erschienen ist, und protokollierst auch, wann deine Botschafter verteilen oder wann du in welcher Gruppe gepostet hast.

Tägliche To-dos

Achte immer darauf, den Menschen nicht mit deinen Artikeln auf die Nerven zu gehen. Sonst ist das Ganze kontraproduktiv. Am wichtigsten ist nach wie vor legendärer Content. Der hilft dir bei jeder Art von Promotion.

Verschiedene Methoden, um einen Artikel in den Social Media zu promoten

Überlege dir auch, wie du ein und denselben Artikel in verschiedene Posting-Formate übertragen kannst. Hier ein paar Beispiele zur Anregung:

- Du kannst deinen Artikel per Link sharen, dann erscheint er auf deiner Pinnwand und im Newsfeed.
- Du kannst deinen eigenen Artikel liken, dann sehen deine Freunde das in ihrem Newsfeed.
- Du kannst aus der Headline des Artikels eine Grafik machen und diese als Foto auf Facebook posten.

- Du kannst aus den wichtigsten Absätzen deines Artikels ein „Textvideo" machen und das Video auf Facebook oder YouTube hochladen.
- Du kannst den Artikel twittern und den Tweet sharen.
- Du kannst die Grafik auf Pinterest laden und den Pin sharen.

Es gibt noch viele weitere Möglichkeiten. Mach dir eine Liste der Möglichkeiten, die sich für dich ergeben.

Reposting-Tools

Es gibt eine Reihe von Tools, die dir nach einiger Zeit die Social-Media-Arbeit abnehmen können, indem sie automatisch auf Facebook & Co. deine Artikel verteilen. Ältere Artikel werden quasi wiederveröffentlicht und all dein Content wird gezielt über alle Social-Media-Kanäle gestreut. Im Online-Bonus-Bereich findest du Links zu diesen Tools.

Anfangs alles selbst machen Wichtig ist aber, dass du in den ersten Monaten alles selbst machst, damit du ein Gefühl dafür bekommst, wie Menschen auf deine Inhalte reagieren, was für deine Promotion funktioniert und was nicht.

Aufgaben

1. Tritt Kontakt- und Freundesgruppen auf Facebook bei und erweitere dein Netzwerk.
2. Tritt thematisch passenden Facebook-Gruppen bei und beginne, dich inhaltlich einzubringen.
3. Lege Freundeslisten an (für die „Small Army"-Strategie).
4. Entscheide, wer die 25 Botschafter sind, und beginne, sie zu kontaktieren.

5. Bestimme die Seneschalle.
6. Definiere deine täglichen Social-Media-To-dos.
7. Informiere die Botschafter und bitte sie noch einmal, dir in den nächsten Wochen beizustehen.
8. Kontaktiere täglich drei Seneschalle.
9. Informiere dich im Online-Bonus-Bereich über die Reposting-Tools, die dir eine Menge Arbeit abnehmen.

Gastartikel, Gastautoren, Gastkommentare

Kooperationen zwischen Bloggern sind wichtig, und zwar nicht nur, um „like-minded people" um sich zu haben, also Menschen, die das Gleiche tun und dich und deine Probleme verstehen, sondern auch, weil Blogger sich gegenseitig viel Gutes tun können. Wie bei allem im Leben sind wir auch beim Bloggen gemeinsam stärker. Gegenseitiges Empfehlen, Verlinken und Sharen, der Austausch von Gastartikeln, die Unterstützung bei Produkt-Starts und noch viel mehr Formen der Kooperation sind nötig. Dafür ist ein starkes Netzwerk notwendig. Dazu stelle ich dir vier Maßnahmen vor:

Ein starkes Netzwerk

Gastkommentare

Der erste und einfachste Schritt, um mit anderen Bloggern in Kontakt zu kommen, ist das Kommentieren auf anderen Blogs. Dafür ist es wichtig, zu wissen, welche Blogger da draußen eine für dich interessante Leserschaft haben. Am besten machst du dir eine Liste von Blogs, die du regelmäßig besuchen und deren Artikel du durchsehen willst.

Andere Blogs kommentieren

Das Kommentieren auf anderen Blogs hat drei positive Folgen:
1. **Der Blogger lernt dich kennen.** Jeder Blogger schaltet seine Kommentare selbst frei, liest die Kommentare und beantwortet sie. Ich habe es mir zur Gewohnheit gemacht, auch kurz auf

der Webseite des Kommentators vorbeizuschauen. Dadurch stolpert man über andere spannende Webseiten und lernt mehr und mehr die Kollegen kennen. Dieser virtuelle Erstkontakt ist wichtig für den nächsten Schritt, bei dem es darum geht, Gastartikel auf anderen Blogs zu schreiben.

2. **Die Leser des anderen Blogs lernen dich kennen.** Üblicherweise sehen sich Leser auch die Kommentare durch und schnappen somit den einen oder anderen Namen oder Link auf. Es geht hier nicht darum, Tausende neue Leser durch Kommentare zu bekommen, sondern es reicht, dass dein Name und dein Blog auftauchen. Alle Strategien zusammengenommen liefern dann das gewünschte Ergebnis, nämlich mehr Leser.

3. **Man lernt deine Expertise schätzen.** Wenn du auf anderen Blogs kommentierst, dann verhältst du dich stets respektvoll gegenüber dem Blogger, bei dem du gerade zu Gast bist. Wenn du komplett anderer Meinung bist, ist viel Diplomatie und Fingerspitzengefühl gefragt. Denn der „fremde" Blog ist voll von Fans des „fremden" Blogs, nicht von deinen Fans. Wenn du dir neue Fans machen willst, dann ist „Kill with kindness" eine Erfolg versprechende Strategie.

Gastartikel

Einen Gastartikel schreiben

Der zweite Schritt ist der Gastartikel, das bedeutet, dass du einen Blogger kontaktierst mit dem Vorschlag, einen Gastartikel auf seinem Blog zu veröffentlichen. Die Faustregel dabei lautet: Kontaktiere stets Blogger, die ein wenig mehr Leser haben als du, achte aber stets darauf, dass sich für alle, also für den anderen Blogger, dessen Leser und für dich, eine Win-win-win-Situation ergibt. Dir muss immer klar sein, dass du etwas willst, nämlich mehr Leser (sprich: die Leser des Blogger-Kollegen).

Hier folgt eine kleine Anleitung, um erfolgreich einen Gastartikel auf einem anderen Blog zu veröffentlichen:

1. Nimm dir Zeit für die Recherche. Suche nach dem Namen des Blogbetreibers, mache dir klar, was seine Zielgruppe ist, lies

einige seiner Artikel, erkenne sein Wording, achte darauf, Namen, Marken etc. richtig zu scheiben.

2. Manche Blogger haben Gastartikel-Richtlinien. Lies dir diese durch, bevor du den Blogger kontaktierst.

3. Sei bei der Kontaktaufnahme offen und ehrlich. Wenn du ganz am Anfang stehst und bisher kaum Leser hast, dann gib das ruhig zu. Finde einen Weg, die Win-win-Situation herzustellen. Nimm das nicht auf die leichte Schulter, unter Bloggern ist es immer ein Geben und Nehmen.

4. Biete dem Blogger bereits einige Blogartikelideen oder sogar ganz konkrete Überschriften an. Je „fertiger" alles wirkt, umso professioneller wirkst du.

5. Wenn du bereits fertige Artikel anbieten möchtest, dann richte dich beim Schreiben dieser Artikel nach dem Stil des anderes Bloggers, z. B. was die Anrede der Leser, die Formatierung des Artikels, das Bildmaterial oder Struktur und Dramaturgie betrifft. Dann fällt es dem Kollegen viel leichter, deinen Artikel anzunehmen. Achte natürlich auch auf die Rechtschreibung.

6. Wenn du schon Gastartikel bei anderen Kollegen verfasst hast, dann erwähne dies bei der Kontaktaufnahme. Das hebt deine Chancen.

7. Liefere ein gutes Foto und eine Kurzbiografie von dir sowie eine Beschreibung der Inhalte deines Blogs (rund 500 Zeichen), und vergiss nicht die „Call to Action".

8. Verlinke im Gastartikel nicht zu oft auf deine Seite, richte dich nach den Gastartikel-Richtlinien oder schau dir an, wie diese in anderen Gastartikeln umgesetzt wurden.

9. Links zu deinem Blog sollten nicht auf die normale Startseite gerichtet sein. Idealerweise erstellst du eine spezielle Seite für die Leser des Blogs, auf der sie angemessen begrüßt werden: „Hallo lieber Leser von Blog XY, schön, dass du auf meinem Blog vorbeischaust. Hier ein kleiner Überblick über das, was dich bei mir erwartet ..." Liefere auch gleich dein Freebie (siehe Abschnitt 3.4 und 3.5)

10. Sobald der Artikel erschienen ist, achte darauf, die Kommentare dazu zügig zu beantworten.

11. Verteile den veröffentlichten Artikel über dein Netzwerk oder weise in deinem Newsletter oder in den Artikeln auf deinem eigenen Blog darauf hin.

12. Denke daran, dass ein Gastartikel keine Werbefahrt für dich und deinen Blog ist, sondern dass nach wie vor der Nutzen für die Leser im Vordergrund stehen muss! Lerne also die Leserschaft des anderen Bloggers gut kennen.

13. Liefere das Beste, was du hast. Denke daran, du bekommst keine zweite Chance für den ersten Eindruck. Das ist auch beim Bloggen so.

Gastautoren

Gastartikel von anderen veröffentlichen

Der dritte Schritt liegt nahe: Lass andere Blogger bei dir Gastartikel veröffentlichen. Auch hier geht es darum, die Leserschaft des anderen Bloggers auf deine Seite zu holen und von deiner Qualität zu überzeugen. In der Anfangsphase wirst du wenige Anfragen bekommen. Du musst dich aktiv um Gastautoren bemühen. Ein guter Anfang sind Blogger, bei denen du selbst bereits einen Gastartikel veröffentlicht hast.

Wenn du eine Anfrage erhältst, prüfe genau, wem du auf deiner Seite Raum gibst: Passen die Inhalte für deine Leser? Liefert der Gastbeitrag einen Mehrwert, den du nicht liefern kannst? Zeigt er neue Aspekte? Recherchiere auch stets die Hard Facts, etwa die Leserzahlen des anderen Bloggers.

Bemühe dich, den Gastartikel intensiv zu bewerben, denn das bringt dir Anfragen von anderen Gastautoren. Wenn du regelmäßig mit Gastautoren zusammenarbeiten möchtest, ist es eine Überlegung wert, Gastartikel-Richtlinen zu verfassen. Umreiße gegenüber möglichen Gastbloggern, wie viel Promotion erlaubt ist (Link zum eigenen Blog, Bewerbung von Produkten oder Dienstleistungen etc.).

Verlinkungen

Die Entwicklung eines starken Netzwerks kannst du auch för-
dern, indem du in deinen eigenen Artikeln auf andere Blogger
hinweist, ihre Seiten verlinkst und sie dann, sobald der Artikel erschienen ist, darüber informierst. Das bedeutet, du hilfst den Kollegen, ein wenig bekannter zu werden – und glaub mir: Blogger
merken sich das.

Ähnlich verhält es sich mit dem Verteilen der Artikel anderer Blogger über Social Media. Auch das erweitert dein Netzwerk und er-
höht gleichzeitig deine Akzeptanz unter den Kollegen.

**Links zu Kollegen
setzen**

Aufgaben

1. Kommentiere auf anderen Blogs.
2. Kontaktiere Blogger, die deine Artikel kommentieren, und bitte sie
   um einem Gastartikel.
3. Kontaktiere Blogger, bei denen du kommentiert hast, und bitte
   sie um einem Gastartikel.
4. Kontaktiere Blogger und frage sie, ob du Gastartikel bei ihnen
   veröffentlichen darfst.
5. Schreibe deine Regeln für Gastartikel auf deinem Blog.
6. Veröffentliche unangekündigte Backlinks.
7. Beginne damit, die Kontakte zu vertiefen – vielleicht gelingt es dir
   sogar, echte Freundschaften aufzubauen.

Blog-Marketing-Werkzeuge

Es gibt verschiedene Werkzeuge, die dir dabei helfen, deinen Blog bekannter zu machen und mehr Leser dafür zu begeistern. Hier stelle ich dir ein paar besonders wirksame vor.

Blogbang

Ein Thema, viele Blogger Der Blogbang (auch Blogparade oder Blog Carnival genannt) ist eine Promotionaktion eines Bloggers. Dazu definiert dieser Blogger ein Thema, schreibt einen Blogartikel dazu und lädt andere Blogger ein, ebenfalls zu diesem Thema einen Artikel zu schreiben.

Das ist ein recht einfaches System, das allen Beteiligten viele Vorteile bringt: Denn einerseits wird der Blogger, der die Aktion gestartet hat, in jedem Blogartikel verlinkt und somit steigen seine Chancen, neue Leser zu generieren. Andererseits gibt es am Ende eine Art Zusammenfassungs-Post, in dem alle Artikel und alle Blogger, die mitgemacht haben, aufgeführt werden. Somit hat jeder die Chance, ein paar neue Leser zu gewinnen.

Einen Blogbang zu starten ist denkbar einfach:
1. Schreibe und veröffentliche einen Artikel zu einem Thema, von dem du denkst, dass viele andere Blogger auch etwas dazu zu sagen haben.
2. Kontaktiere so viele Blogger-Kollegen wie möglich (am besten persönlich) und lade sie ein, mitzumachen.
3. Bitte sie, innerhalb des Artikels einen Link auf deine Webseite oder deinen Startartikel zu setzen und auf die Aktion kurz hinzuweisen.
4. Bitte sie darüber hinaus, beim Startartikel einen kurzen Kommentar zu hinterlassen und auf ihren eigenen Artikel zu verlinken.
5. Bitte alle, die mitmachen, die Aktion auf Social Media und in ihren Newslettern zu promoten
6. Definiere, wie lange die Aktion laufen soll.

7. Schreibe am Ende der Aktion einen Zusammenfassungsartikel, führe darin alle Blogger auf, die mitgemacht haben, und verlinke zu den jeweiligen Artikeln

Contest

Bei einem Contest rufst du deine Kunden und Leser auf, eine Reihe von Aufgaben zu erfüllen, sodass sie durch kleine Einzelschritte dazu gebracht werden, ein großes Projekt umzusetzen. Du zeigst also Schritt für Schritt, was zu tun ist, um von A nach B zu kommen. — **Aufgaben für die Leser**

Damit sich ein Nutzen für alle ergibt, promoten die Teilnehmer dich, indem sie auf ihren Blogs und Webseiten ihren Lesern von dem Contest berichten und ihn über Social Media bekannt machen.

Ein Beispiel hierfür war der Business Momentum Contest auf MarkusCerenak.com. Ziel war es, Menschen, die ein Small Business betreiben, Instrumente in die Hand zu geben, um ihrem Business „Momentum" (also Schwung) zu verleihen und dadurch mehr Kunden zu gewinnen. Jeder konnte kostenlos mitmachen. Der Contest dauerte 14 Tage. Jeder sollte in dieser Zeit einen echten Werkzeugkasten an Maßnahmen bekommen, um seinem Business einen legendären Kick zu geben. Wichtig war mir, dass es tatsächliche Ergebnisse gibt und dass die Teilnehmer wirklich von den Aufgaben profitieren. — **Beispiel**

Es folgen ein paar To-dos und Hinweise, um deinen Contest erfolgreich zu machen, sodass er dir viele neue Leser bringt:
1. Definiere das Thema/das Problem, das der Contest aufgreifen/lösen soll.
2. Erarbeite den Content. Große Brocken müssen in kleine Häppchen aufgeteilt werden.
3. Die Aufgaben müssen aufeinander aufbauen und jeder Schritt muss ein wenig mehr fordern.

4. Überlege dir, wie die Teilnehmer den Contest bewerben können, sodass du auch etwas davon hast.
5. Überlege dir, wie deine Kunden und Leser teilnehmen können.
6. Veröffentliche eine Seite mit den „Spielregeln".
7. Sorge für Involvement auf deiner Webseite durch den Aufruf, die jeweiligen Aufgaben zu kommentieren.
8. Entwickle ein Contest-Logo, das die Teilnehmer veröffentlichen können, um auf ihrer Webseite oder via Social Media mitzuteilen, dass sie teilnehmen.

Worauf musst du achten? Zuerst kommt der Nutzen für die Leser und Kunden. Danach erst ist wichtig, was du davon hast. Achte aber darauf, dass sich der Nutzen für alle letztlich die Waage hält. Kümmere dich darum, dass die Zeit, in der der Contest läuft, nur diesem Thema gewidmet ist, und promote es über alle deine Kanäle. Überlege dir bereits vorher, was danach mit den Inhalten des Contests passiert.

Nach dem Contest:
Was kannst du mit den Inhalten tun?

Möglichkeit 1: online lassen, sodass alle Inhalte weiterhin öffentlich zugänglich sind.

Möglichkeit 2: einen Member-Bereich für Teilnehmer machen (wie der Online-Bonus-Bereich zu diesem Buch).

Möglichkeit 3: die Inhalte von deiner Webseite nehmen und in Zukunft in anderen Posts, Podcasts, Social-Media-Aktivitäten und Videos einsetzen.

Möglichkeit 4: die Inhalte von deiner Webseite nehmen, erweitern und zu einem digitalen Produkt umarbeiten (Rabatt für Teilnehmer).

Give-away-Event

Was ein Give-away-Event ist? Stell dir einfach einen Gabentisch zu Weihnachten vor. Eine Reihe von befreundeten Bloggern verschenkt kostenlose E-Books oder Ähnliches. Die kostenlosen E-Books finden sich alle auf einer gemeinsamen Webseite (dem Gabentisch) und alle beteiligten Blogger bewerben diese eine Webseite. Die interessierten Leser können sich die E-Books oder andere Gratis-Goodies downloaden, nachdem sie sich mit ihrer E-Mail-Adresse angemeldet haben (warum das wichtig ist, erfährst du in Abschnitt 3.4).

Wie ein Gabentisch zu Weihnachten

Es handelt sich also um eine gemeinsame Promotionaktion befreundeter Blogger. Ziel jedes Bloggers ist es, die Leser der anderen für sich zu begeistern. Anders als beim Gastartikel sind nicht nur zwei, sondern gleich mehrere Blogger-Kollegen daran beteiligt. Wenn dann z. B. zehn Blogger ihre jeweiligen Fans und Leser aktivieren, kommen schon eine Menge Leser zusammen – und davon profitieren alle.

Aber nicht nur die Blogger selbst profitieren von diesen gebündelten Kräften, auch die Leser kommen auf einen Schlag in den Genuss, mehrere Blogger und deren kostenlosen Content kennenzulernen. Wichtig ist nur, dass man dieses Marketing-Werkzeug nicht inflationär gebraucht. Veranstalte also nicht zu oft ein Give-away-Event.

Gebündelte Kräfte

Was sind die einzelnen Schritte, um ein Give-away-Event zu organisieren?
1. Kontaktiere mögliche Kooperationspartner und begeistere sie für die Aktion.
2. Bestimmt die Give-aways, also welche kostenlosen E-Books angeboten werden.
3. Erstellt gemeinsam einen Zeitplan und entscheidet, wie lange die Aktion laufen soll.
4. Bestimmt die Domain, also die Webseite des „Gabentisches".

5. Trage das Info-Material von deinen Partnern zusammen (Foto, Text, Produkt, Links).
6. Erstelle die Seite (oder lasse sie erstellen).
7. Macht einen Promotion-Plan, der festlegt, wie oft jeder Beteiligte die Aktion bewirbt und in welcher Form.
8. Achte darauf, dass jeder Beteiligte die vereinbarten Promotion-Aktionen auch durchführt.

Online-Kongress

Ein Sonderfall des Give-away-Events ist ein Online-Kongress. Hier liefern die beteiligten Blogger keine Gratis-Inhalte zum Download, sondern sie werden alle vom Veranstalter interviewt (entweder persönlich oder per Skype). Alle Beteiligten bewerben das Event, indem sie ihre Netzwerke aktivieren. Interessierte Leser melden sich an und bekommen dann über eine bestimmte Zeitspanne hinweg die Videos geliefert. Jeder Blogger, der mitmacht, kann dadurch seinen Bekanntheitsgrad erhöhen. Am meisten profitiert natürlich der Veranstalter, weil alle gesammelten E-Mail-Adressen bei ihm verbleiben.

Bezahlte Werbung

Der Vollständigkeit halber möchte ich nur kurz auf die Möglichkeit eingehen, kostenpflichtige Werbeanzeigen auf Facebook, Google, YouTube, Twitter, XING etc. zu nutzen. Ähnlich wie bei der Suchmaschinenoptimierung ist das jedoch ein Thema für sich, das ohne Zweifel viele weitere Bücher füllen würde. Im Online-Bonus-Bereich findest du Links und Informationen, die dir diesbezüglich weiterhelfen.

Gegen die Blogger-Ehre?

Eines solltest du aber wissen: Der Großteil der Blogger macht niemals diesen Schritt und investiert Geld in Werbung. Das ist ein wenig eine Frage der Blogger-Ehre oder der Blogging-Philosophie. Bezahlter Traffic ist in den Augen vieler nicht so viel wert und manchen gilt er sogar als „schlecht".

Deswegen weigern sich viele Blogger-Kollegen standhaft, das einfache Werkzeug der Werbung für ihren Blog in Anspruch zu nehmen. Dadurch verzichten sie aber auch auf viele ungeahnte Möglichkeiten. Das Geheimnis ist, wie bei allen Dingen, nicht in Schwarz-Weiß-Malerei zu verfallen. Ich persönlich bin gut damit gefahren, die oben genannten Content-Marketing-Strategien mit bezahlter Werbung, etwa auf Facebook, zu verschränken.

Viele Blogger stehen sich hier eindeutig selbst im Weg, zumal sie auch Skrupel gegenüber Investitionen haben. Doch wenn du selbst nicht bereit bist, Geld in deinen Blog oder dein Blogbusiness zu investieren, warum sollen es dann deine Leser tun, indem sie deine Produkte kaufen oder deine Dienstleistungen buchen?

In den Blog investieren

3.4 E-Mail-Marketing

Ich habe E-Mails immer gehasst, schon seit meinem ersten Job. Intensiviert hat sich diese Abneigung aber in einem Unternehmen, in dem ich rund 200 interne Mails pro Tag bekommen habe. 200 – pro Tag! Es war ein kleines Unternehmen und die Geschäftsführer waren davon überzeugt, dass alle immer alles wissen sollten. Daher haben sie immer alle in CC gesetzt und es wurde grundsätzlich auf „Allen antworten" geklickt.

Niemand liest das? Ganz ehrlich: Ich hatte Albträume von meinem Outlook-Posteingang, und vor diesem Hintergrund kannst du dir leicht vorstellen, welche Bedeutung ich dem Thema E-Mail-Marketing anfänglich zugesprochen habe. Ich dachte, es ginge jedem so wie mir. Alle hassen E-Mails. Alle hassen Newsletter. Niemand liest dieses Zeug.

Fest steht, ich habe mich geirrt. Und zwar gehörig. In diesem Fall wurde mir auch eine der wichtigsten Marketing-Regeln wieder einmal so richtig bewusst: Der Köder muss dem Fisch schmecken und nicht dem Angler.

Die E-Mail ist das stärkste und effizienteste Online-Marketing-Tool, das es gibt.

E-Mails bewirken mehr als Bannerwerbung, Googleanzeigen oder Facebook-Ads, mehr als Social-Media-Marketing oder Content-Marketing. Wichtiger als alle anderen Online-Marketing-Tools ist daher das Aufbauen einer „Liste".

„Liste" ist der umgangssprachliche Online-Marketing-Begriff für die Menschen, die sich in deinen Newsletter eintragen. Wie bereits erwähnt, sagen die amerikanischen Kollegen, egal ob Blogger oder Internetmarketer, gerne: „The money is in the list." Auch ich finde, das ist eine der wichtigsten Regeln im Online-Marketing.

Das heißt, das Geld, das du online verdienst, sei es mit dem Bloggen, einem Shop oder was auch immer, steckt in deiner Mailingliste. Je hochwertiger – und ich sage absichtlich nicht „je größer", sondern „je hochwertiger" – deine Mailingliste ist, umso größer sind deine Chancen, dein Online-Projekt erfolgreich zu monetarisieren.

Die Aufgaben von E-Mail-Marketing

Bevor wir uns dem Aufbau deiner Liste und dem strategischen E-Mail-Marketing widmen, fasse ich kurz zusammen, was E-Mail-Marketing für uns Blogger tut.

The money is in the list

Über neue Artikel informieren: Die erste wichtige Aufgabe von E-Mail-Marketing besteht darin, deine Leser zu informieren, wenn neue Artikel erschienen sind. Damit bleiben die Leser immer auf dem Laufenden und verpassen keinen deiner Artikel.

Regelmäßige und neue Besucher generieren: Je mehr Newsletter-Abonnenten du hast, umso mehr Menschen werden regelmäßig informiert, dass etwas Neues erschienen ist. Das bedeutet:
Mehr Newsletter-Abonnenten = mehr Besucher.
Mehr Besucher = mehr neue Besucher (durch Social Media).

Beziehung zu den Lesern aufbauen, Vertrauen bilden: Inhalte, die direkt im Posteingang deiner Leser landen und von ihnen gelesen werden, schaffen eine Beziehung. Je mehr Geschichten du erzählst, die mit dir und deinem Business zu tun haben, je mehr Inhalte und Nutzen du lieferst, umso mehr vertrauen dir deine Leser.

Leser bei der Stange halten: Wenn du eine Zeit lang mal keine neuen Artikel veröffentlichst, kann der Newsletter sogenannten Evergreen-Content (also alte Blogartikel, deren Inhalt nicht zeitlich gebunden oder überholt ist) enthalten und so sicherstellen, dass deine Leser immer genug von dir zu lesen bekommen.

Produkte verkaufen: Auch wenn du es nicht glaubst: Eine E-Mail mit einem Kaufangebot funktioniert! Deswegen sagen die Amerikaner ja „The money is in the list". Je mehr Newsletter-Abonnenten du hast, umso mehr Menschen kannst du deine Produkte anbieten.

Werkzeug für Marketing-Kooperationen sein: Je mehr Newsletter-Abonnenten du hast, umso interessanter wird es natürlich für andere Blogger, mit dir zu kooperieren. Deine „Liste" ist nicht nur Kapital für dich, sondern du kannst (behutsam und immer im rechtlichen Rahmen) natürlich auch Produkte oder Projekte von Kollegen und Kooperationspartnern miteinbeziehen, die das umgekehrt auch für dich tun können.

Deine E-Mail-Marketing-Strategie

Fokus von Anfang an Wenn man Blogger befragt, was ihr größter Fehler war, als sie gestartet sind, dann sagen sie alle: „Ich habe nicht von Anfang an begonnen, mir eine qualitativ hochwertige Mailingliste aufzubauen." Daraus lässt sich schon die erste Regel ableiten:

Sammle von Anfang an E-Mail-Adressen.

Richte ab dem ersten Tag, an dem du online gehst, den Fokus auf deine Newsletter-Abonnenten. Das ist die oberste Regel, der erste Punkt, nichts ist so wichtig wie das!

Liefere Argumente Die zweite wichtige Regel lautet: Gib den Lesern Argumente, warum sie sich in den Newsletter eintragen sollen. Damit meine ich keine Floskeln wie „Mit meinem Newsletter erhältst du wöchentlich aktuelle Tipps ...", denn das steht bei jedem Newsletter. Jeder Newsletter erscheint (mehr oder weniger) regelmäßig und enthält die aktuellen Updates. Hier geht es vielmehr darum, dass sich der Nutzen, den du dir für deine Leser oder deine Kunden bei all deinen Online-Aktivitäten überlegst, auch im Newsletter widerspiegeln muss.

Du musst deinen Lesern, deinen Kunden ein Argument geben, warum sie dir ihre E-Mail-Adressen geben sollen. Ich habe sogar eine spezielle Seite auf meinem Blog, auf der die Argumente aufgeführt sind. Dort kann man sich als Leser die Antwort anschauen auf die Frage: „Was habe ich denn davon, dass ich mich da eintrage?"

Gib deinen Lesern mehrere Möglichkeiten, sich in den Newsletter einzutragen. Ich höre immer wieder: „Ach, ich habe doch mein Newsletter-Formular in der Sidebar. Da brauche ich es doch nicht am Ende des Artikels noch einmal." Dazu nur so viel: Menschen im Internet sind faul. Sie wollen nicht noch mal nach oben scrollen, wenn sie einen Artikel gelesen haben. Sie scrollen nicht mehr nach oben, um ihre E-Mail-Adresse einzutragen.

Gib mehrere Möglichkeiten

Deswegen solltest du ans Ende des Artikels noch mal ein E-Mail-Formular stellen. Gib dem Leser viele Möglichkeiten und erleichtere ihm den Weg zum Newsletter-Eintrag erheblich. Mit „erheblich erleichtern" meine ich auch: Frage nicht zu viele Daten ab. Ich kann mir vorstellen, dass die Marketer unter uns am liebsten Alter, Geschlecht, Schuhgröße und die letzten Blutfettwerte abfragen würden, um den Lesern dann dazu passende Produkte verkaufen zu können. Aber ganz ehrlich, wenn ich ein Formular vor mir sehe, bei dem ich zehn verschiedene Sachen ausfüllen muss, dann trage ich mich gar nicht in den Newsletter ein. Ich habe die Erfahrung gemacht, dass es am besten ist, nicht einmal den Vornamen abzufragen, sondern nur die E-Mail-Adresse und fertig. Dadurch bleibt die Hürde, die E-Mail-Adresse anzugeben, um sich die Informationen zu holen, niedrig.

Ein wichtiges Argument für deine Leser, sich in deinen Newsletter einzutragen, ist, dass sie dafür etwas von dir zurückbekommen. Das passiert meistens in Form eines kleinen E-Books oder einer Checkliste, natürlich passend zu deinem Blogthema. So ein Freebie oder Lead Magnet, wie es auch genannt wird, liefert deinen Lesern nicht nur einen starken Anreiz, sich einzutragen, sondern ist bereits der erste Schritt, um aus den Lesern Kunden zu machen.

In der Praxis bedeutet das: Der Leser trägt sich in deinen Newsletter ein und bekommt daraufhin den Download-Link per Mail zugesendet. Das Ganze ist quasi eine vertrauensbildende Maßnahme. Du kannst damit deinen Lesern und baldigen Kunden beweisen, dass deine digitalen Produkte eine hohe Qualität haben und vor allem viel Nutzen bringen.

Dein Lead Magnet sollte nicht „einfach mal einen Überblick geben" über das, was du so tust, ohne deine Leser zum nächsten Schritt zu führen. Ein richtig gut konzipierter Lead Magnet übernimmt viele Aufgaben. Eine davon ist: den Lesern den nächsten Schritt zu erleichtern oder sogar den nächsten Schritt vorzugeben. Ohne diese strategische Ausrichtung sammelt der Lead Magnet zwar Menschen für die Mailingliste, doch diese wissen dann entweder nicht, was sie weiter tun sollen, oder sie beschäftigen sich nicht weiter mit dir, weil sie einfach nur dein „Freebie" haben wollten.

Dein Lead Magnet sollte ...
- kurz und knapp sein.
- ein Problem lösen.
- schnell konsumierbar sein.
- schnell Wert und Nutzen für deine Leser bringen, damit sie dann den nächsten Schritt machen.

Auch hier gilt wieder: Du betreibst dein Business, damit du davon leben kannst, und deshalb ist es dein Ziel, von den kostenlosen Inhalten direkt zu deinen Produkten oder Dienstleistungen zu führen. Also übertreibe es nicht mit den kostenlosen Inhalten!

Diese Checkliste verrät dir, was du beim Zusammenstellen der Inhalte für dein Freebie beachten musst:

✔ Eindeutig und fokussiert

Ist das Thema deines Lead Magnets klar erkennbar? Ist es kein überblicksartiges Allerlei, sondern auf einen kleinen Teilbereich oder auf eine Unternische fokussiert?

✔ Klare Lösung

Überprüfe, ob dein Lead Magnet nicht nur eine Darstellung des Themas ist, die deinen Lesern keine wirkliche Problemlösung liefert: Bietet dein Lead Magnet eine klare Lösung zum Thema an?

✔ Sofort umsetzbar

Können deine Leser mit den Inhalten sofort etwas anfangen, gleich loslegen und schnelle Ergebnisse erzielen?

✔ Schnell konsumierbar

Dein Lead Magnet sollte nicht z. B. auf mehrere Bereiche aufgeteilt sein, da die Leser dadurch Teile vergessen oder übersehen könnten. Die Frage lautet: Kann man deinen Lead Magnet schnell konsumieren?

✔ Einfach konsumierbar

Ist der Lead Magnet frei von Hürden, die beim Konsumieren stören könnten (Ton, Video, nur online verfügbar etc.)?

✔ Visualisierung/Cover

Verfügt dein Freebie über eine professionelle, optisch ansprechende Visualisierung, also eine Art Cover?

✔ **Branding**
Spiegelt der Lead Magnet dein Branding, deine Corporate Identity wider, sodass durch die Wiedererkennbarkeit deiner Marke dein Image aufgebaut wird?

✔ **Die nächsten Schritte**
Enthält der Lead Magnet die nächsten Schritte für deine Leser?

✔ **Links**
Befinden sich im Lead Magnet Links zu weiterführenden Informationen oder Landing Pages, die den Leser noch mehr an dich binden?

✔ **About**
Gibt es im Freebie einen About-Abschnitt, der kurz und knapp klarmacht, wer du bist und was du tust?

✔ **Aufruf zum Teilen**
Motivierst du deine Leser, das Freebie weiterzugeben, damit sie für dich ein wenig Werbung machen?

Call to Action — Ein weiterer Punkt, der dir hilft, deine Liste zu vergrößern, ist die „Call to Action". Das bedeutet, dass du deine Leser aufforderst bzw. sie bittest, sich in deinen Newsletter einzutragen, und ihnen klarmachst, was sie davon haben. Ja, ich selbst bin so weit, dass ich direkt sage: „Bitte trage dich in meine Liste ein, weil ich möchte, dass du Teil von MarkusCerenak.com bist."

Die Newsletter-Seite — Wie schon erwähnt, brauchst du auch eine Newsletter-Eintragungs-Seite. Denn du wirst in deinen Artikeln immer wieder auf den Newsletter hinweisen, und dann wäre es gut, Wörter wie „E-Mail-Abo", „Newsletter" etc. verlinken zu können. Wir wissen, dass Menschen faul sind und gerne auf Links klicken. Und wenn sie lesen, dass sie sich in einen Newsletter eintragen können und dann ein cooles E-Book erhalten, aber nicht wissen, wo sie das tun können, dann werden wir dadurch Leser oder besser gesagt potenzielle Newsletter-Abonnenten verlieren. Erstelle deshalb eine Seite, auf der nur ein Opt-in ist, damit du innerhalb deiner Texte darauf verlinken kannst.

Eine weitere extrem wichtige Seite, auf der sich bei mir der Großteil der Menschen in meine Newsletter-Liste einträgt, ist die „Starte hier"-Seite, also der Bereich, in dem diejenigen ankommen, die zum ersten Mal auf meinem Blog sind. Das heißt für dich: Erstelle eine Seite, auf der du auf einen Blick klarmachst, worum es bei deinem Blog-Projekt oder auch auf deiner Webseite geht. Auf dieser Seite gibst du dem Leser mehrere Möglichkeiten, sich einzutragen.

Die „Starte hier"-Seite

Wie bei allen Projekten im Leben ist es auch beim E-Mail-Marketing sinnvoll, dir Klarheit darüber zu verschaffen, was du erreichen willst.

. . . .

Setze dir Ziele!

. . . .

Ich spare mir jetzt eine lange philosophische Abhandlung darüber, wie wichtig Ziele an sich sind, und zwar für alle möglichen Lebensbereiche. Auch dann, wenn dein Fokus auf deinem Web-Projekt, auf dem Newsletter und auf dem Aufbauen einer hochwertigen Liste liegt, solltest du dir ein Ziel setzen – in diesem Fall, wie viele Abonnenten du wann haben möchtest. Und dann setze alle Hebel in Bewegung, um dieses Ziel auch zu erreichen.

Du solltest aber auch immer bedenken, dass es nicht nur um das Sammeln von neuen Interessenten geht, sondern auch darum, die zu behalten, die sich bereits in der Newsletter-Liste befinden. Das heißt, es ist wichtig, die sogenannte Unsubscribe-Rate – die Anzahl der Menschen, die sich austragen – so niedrig wie möglich zu halten. Wie erreichst du das?

Unsubscribe-Rate niedrig halten

Halte das ein, was du versprochen hast!

Das heißt, wenn du deinen Lesern gesagt hast, dass du sie zweimal wöchentlich informierst, welcher neue Blogartikel erscheint, dann tu das auch. Schicke den Newsletter dann nicht viermal die Woche oder nur alle zwei Wochen, sondern halte dein Wort.

Halte dein Wort auch bezogen auf die Inhalte, die du lieferst, etwa wenn du ankündigst, wann ein neuer Artikel erscheint, oder du irgendwelche Zusatz-Goodies oder exklusive Vorteile für Newsletter-Abonnenten versprichst. Verspreche nicht etwas, das du dann niemals lieferst. Das führt sonst dazu, dass sich Menschen verabschieden.

Verkauf klar ankündigen Wenn du verkaufen möchtest, dann informiere deine Abonnenten darüber, dass es ein Produkt gibt, und lege für dieses Produkt eine extra Mailingliste an. Schreib z. B.: „Liebe Newsletter-Abonnenten, ich starte ein neues Projekt, bei dem ich auch XY verkaufe." Hir gilt also: ganz klar ankündigen, um deine Abonnenten nicht vor den Kopf zu stoßen!

Die Frage nach dem Nutzen

Die erste Frage, die du dir beim Newsletter-Marketing stellen solltest, lautet: *Was ist der Nutzen und das Ziel?*

- *Soll dieser Newsletter deine Kunden und deine Leser an dich binden?*
  Das heißt, du stellst darin vielleicht persönliche Dinge dar und dir geht es darum, eine emotionale Brücke zwischen dir und deinen Kunden, Klienten oder Lesern aufzubauen.
- *Ist der Newsletter ein Informationsmedium?*
  Das heißt, er ist dazu da, Neuigkeiten zu verkünden – über

dich, über deine Angebote, über anstehende Termine oder was auch immer.

■ *Soll der Newsletter über neue Artikel informieren?*
Das heißt, du sagt darin: „Hallo, lieber Leser, lieber Kunde, lieber Interessent, es ist ein neuer Artikel erschienen."

■ *Soll der Newsletter zusätzlichen Mehrwert bieten?*
Das heißt, er enthält zusätzlichen Content, den du nur an deine Newsletter-Abonnenten schickst und den ein normaler Webseiten-Besucher nicht bekommt.

■ *Ist dein Newsletter dazu da, zu verkaufen?*
Das heißt, du nutzt den Newsletter, um Sonderaktionen zu kommunizieren, Produktstarts zu verkünden oder über neue Angebote zu informieren.

Mache dir klar, welche Funktion dein Newsletter hat. Es kann natürlich sein, dass er mehrere Funktionen übernimmt, doch auch dann solltest du dir bei jedem einzelnen Newsletter-Versand überlegen, welche Funktion mit dieser Aussendung erfüllt wird.

Der E-Mail-Marketing-Plan

Ähnlich wie bei den Blogartikeln ist es auch beim E-Mail-Marketing ratsam, langfristig zu planen. Denn auch hier gilt: Regelmäßigkeit und Verlässlichkeit sind wichtig. Es gibt zwar verschiedene Herangehensweisen, je nachdem, welche Funktionen der Newsletter übernehmen soll, aber alle brauchen Planung. Das beginnt bereits bei den Fixpunkten des Jahres (Weihnachten, Sommerferien etc.), die sich genauso in deiner Newsletterplanung niederschlagen sollten wie Promotionaktionen, Produktlaunches und Ähnliches. Am besten verschränkst du deinen Redaktions- und Newsletterplan in einem Dokument, sodass alles gut ineinandergreifen kann. Eine Vorlage für einen Redaktionsplan und einen Newsletterplan findest du im Online-Bonus-Bereich.

Regelmäßigkeit und Verlässlichkeit

Die Betreffzeile

Ein weiterer wichtiger Punkt, der meistens unter den Tisch fällt, ist die Betreffzeile. Genauso wie eine Headline bei einem Artikel oder bei einem wichtigen Marketing- oder PR-Text ist die Betreffzeile der Gradmesser, die Nagelprobe, das entscheidende Element bei der Frage, ob dieser Newsletter geöffnet wird oder nicht.

Üblicherweise ist es so, dass man einen Newsletter schreibt und anschließend daran herumfeilt, ihn Korrektur lesen lässt usw. Kurz vor dem Versenden fällt einem dann ein: „Oh, ich muss ja noch eine Betreffzeile schreiben." Also schreibt man eben noch schnell eine Betreffzeile. Und das ist ein Fehler! Vergegenwärtige dir, dass der Betreff entscheidend dafür ist, ob ein Newsletter geöffnet wird oder nicht.

Nimm dir fast genauso viel Zeit für die Betreffzeile wie für das Texten des Newsletters.

Der Inhalt

Es hat sich als nützlich erwiesen, sich inhaltlich im Newsletter zu fokussieren, das heißt, nicht fünf verschiedene Themen anzureißen, sondern bei einem Thema zu bleiben (oder maximal bei zwei).

Definiere deine Hauptaussage und widme dich idealerweise nur diesem einen Thema.

Wichtiges mehrmals verlinken Je mehr Möglichkeiten Menschen haben, innerhalb eines Newsletters irgendwohin zu klicken, umso weniger klicken sie dorthin, wo du es möchtest. Wenn du also möchtest, dass die Leser etwas Bestimmtes anklicken, dann setze diesen Link innerhalb des Newsletters mehrmals.

Ein ganz klein wenig Technik

Vermutlich wirst du dich schon eine Zeit lang fragen, wie das Ganze eigentlich technisch über die Bühne geht: Wie und vor allem wo tragen sich Leser ein? Wo werden die Daten gespeichert, mit welchen Tools werden die Mails an die vielen Empfänger versendet?

Die gute Nachricht ist, dass E-Mail-Marketing mittlerweile außerordentlich einfach und ebenso kostengünstig geworden ist. In der Cloud (also ohne die Notwendigkeit, die Daten bei sich selbst zu speichern) wird die Dienstleistung des E-Mail-Marketings angeboten, und das für ein paar Euro im Monat. Es gibt mehr Anbieter, als man denkt (viele natürlich in den USA, einige aber auch im deutschsprachigen Raum), und der Funktionsumfang, die Einfachheit der Bedienung, die Kostenstruktur etc. sind bei allen sehr ähnlich. Für welchen Anbieter man sich entscheidet, ist daher auch ein wenig Geschmacksache. US-Firmen, die E-Mail-Marketing anbieten, sind z. B. AWeber, MailChimp, iContact, Infusionsoft, Ontraport oder ActiveCampaign. Europäische Firmen sind GetResponse, CleverReach, Lead-Motor oder Klick-Tipp. (Links zu allen Anbieter gibt's im Online-Bonus-Bereich.)

Die oben genannten Anbieter liefern folgende Tools und Leistungen für dein E-Mail-Marketing: Formulare zum Sammeln der E-Mail-Adressen, Werkzeuge zum Gestalten der Nachrichten, manuelles oder automatisches Versenden an von dir angegebene Adressaten, Statistiken (Öffnungsraten, Klickraten etc.), Rechtssicherheit in der Datenspeicherung, automatisches Management und sogenannte Listen-Hygiene (Abmeldungen verwalten, ungültige E-Mail-Adressen entfernen etc.) sowie Double-Opt-in-Verfahren (dazu gleich mehr beim nächsten Punkt).

Wie funktioniert das Ganze?

Zur Bedienung dieser Tools sind keinerlei technische und schon gar keine Programmierkenntnisse notwendig. Die monatlichen Kosten beginnen im niedrigen zweistelligen Eurobereich und wachsen nur selten (auch bei Tausenden von E-Mail-Abonnenten) über einen niedrigen dreistelligen Betrag hinaus, sodass sich das de facto jeder Selbstständige leisten kann.

Die rechtlichen Aspekte

In Deutschland, Österreich und der Schweiz sind die rechtlichen Rahmenbedingungen zum Datenschutz, zur Datenverarbeitung und zum Versand von automatisierten E-Mails jeweils ein wenig anders gelagert und sie sind auch einem ständigen Wandel unterworfen. Die Informationen zur jeweiligen nationalen Rechtslage lassen sich aber ganz einfach online recherchieren und für vieles (Datenschutzerklärung, Impressum etc.) gibt es auch Vorlagen, die man adaptieren kann.

Double-Opt-in-Verfahren

Ein paar Worte aber zum sogenannten Double-Opt-in-Verfahren, denn so muss das Einsammeln der E-Mail-Adressen ablaufen: Der Leser trägt seine E-Mail-Adresse in ein Formular ein, bekommt an diese E-Mail-Adresse eine automatisierte Nachricht mit einem Bestätigungslink geschickt (so wird sichergestellt, dass niemand diese E-Mail-Adresse missbraucht hat) und bestätigt die Eintragung mit einem Klick auf den Link. Danach ist die E-Mail-Adresse rechtmäßig in deine Datenbank eingetragen. Das mag zunächst kompliziert klingen, wird aber komplett von den oben genannten E-Mail-Marketing-Anbietern übernommen.

Newsletter oder Autoresponder?

Um für etwas Klarheit beim Wording zu sorgen, möchte ich abschließend noch ein paar grundlegende Begriffe erklären:

Es gibt den Begriff „Newsletter", wobei abhängig vom jeweiligen Newsletter-Marketing-System manchmal auch der Begriff „Broadcast" genutzt wird. Damit wird eine Nachricht bezeichnet, die zur gleichen Zeit an all deine Abonnenten, also an alle Menschen, die sich in deiner Mailingliste befinden, ausgesendet wird. Das heißt, du schreibst eine Nachricht, drückst auf „Senden", und alle deine Abonnenten bekommen diese Nachricht zur gleichen Zeit.

Newsletter, auch Broadcast genannt

Außerdem gibt es den sogenannten Autoresponder, auch Follow-up genannt. Das ist etwas anderes als der eben beschriebene Newsletter. Die Grundidee ist, dass deine Abonnenten eine automatisierte E-Mail-Serie bekommen, und zwar abhängig vom Tag ihrer Eintragung.

Autoresponder, auch Follow-up gennant

Du hast z. B. fünf oder sechs E-Mails vorgeschrieben, und du möchtest, dass diese E-Mails einen Tag, nachdem sich jemand eingetragen hat, und dann jeweils wöchentlich automatisch ausgesendet werden. Dafür gibt es den Autoresponder, bei dem du im Vorhinein festlegen kannst, in welchen zeitlichen Abständen Mails an deine Abonnenten verschickt werden.

Der entscheidende Unterschied ist also, dass ein Newsletter all deine Abonnenten zur gleichen Zeit erreicht – sowohl diejenigen, die schon seit Jahren deine Kunden sind, als auch diejenigen, die sich erst gestern eingetragen haben. Beim Autoresponder hängt es dagegen vom Zeitpunkt der Eintragung ab, welche Mail ein Abonnent bekommt.

Der Unterschied

Der Vorteil des Autoresponders besteht darin, dass du die Menschen in der jeweiligen Phase, in der sich ihre Beziehung zu dir gerade befindet, besser abholen kannst, indem du ihnen die jeweils passenden Informationen zukommen lässt. Und das automatisch, denn du musst diese E-Mail-Sequenz nur einmal schreiben und einmal in dein System einpflegen. Der Rest läuft von selbst.

Exkurs 2: Workflow und Selbstmanagement

Was macht ein Exkurs zum Thema Selbstmanagement in einem Buch übers Bloggen? Sobald du mit deinem Blog online bist, wirst du es verstehen. Spätestens dann, wenn du „all in" gehst und dein Blog zu einem Business wird, das du in deinem Home-Office organisierst, wirst du wissen, wie wertvoll Selbstmanagement für deinen Erfolg als Blogger ist.

Grundlagen des Selbstmanagements

Routinen

Weniger Entscheidungen Der Unterschied zwischen erfolgreichen und weniger erfolgreichen Menschen, sind erfolgreiche Routinen. Routinen helfen nicht nur, den Tag zu organisieren, sie sorgen vor allem dafür, dass du weniger Entscheidungen treffen musst. Dass das wichtig ist, mag zunächst überraschen, doch wir treffen Tag für Tag Tausende Entscheidungen. Und je weniger wir treffen müssen, umso besser werden diese. Nicht umsonst trägt Barack Obama nur dunkelgraue Anzüge. Er sagt selbst: „Ich muss nicht morgens vor dem Kleiderschrank mit dem Entscheiden beginnen." Ähnlich ist es beim Blogbusiness. Organisiere deinen Tag in Routinen, die immer zur gleichen Zeit ablaufen. So wirst du nicht nur effizienter, sondern auch besser in dem, was du tust.

Da du den Morgen und den Abend in der Regel am besten im Griff hast, ist es sinnvoll, die Tätigkeiten, die Ungestörtheit erfordern, an die Randzeiten zu schieben. Wichtig für einen geregelten Tagesanlauf sind außerdem fixe Pausen und Essenszeiten (dazu weiter unten mehr), denn gerade wenn du mit deinem Blogbusiness im Flow bist, vergisst du leicht, auf solche Dinge zu achten. Ebenso wichtig ist das Anziehen: Wenn du im Home-Office arbeitest, brauchst du eine Morgenroutine, genauso als würdest du „normal" ins Büro gehen. Sonst gammelst du den ganzen Tag im Pyjama rum – und das motiviert nicht sonderlich.

Auch ist es wichtig, dass es ein definitives Ende des Arbeitstages gibt. Wenn du nicht zu einer bestimmten Zeit deinen Computer abschaltest und die Arbeitsstätte bewusst verlässt, bist du nie fertig. Und das ermüdet dich ungemein.

Ende der Arbeitszeit

Tagesplanung

Der nächste wichtige Punkt ist die Tagesplanung. Ich erledige das immer am Tag davor und habe dafür einen kleinen Stundenplan, in dem ich ganz genau eintrage, was am nächsten Tag alles ansteht, welche To-dos ich erledigen möchte. Prinzipiell gehe ich diesen Tagesablauf dann direkt am Morgen gleich als Erstes an, besser gesagt, ich erledige die Aufgaben.

Ganz fett im Tagesplan steht bei mir das sogenannte MIT, das „Most Important To-do", also die wichtigste Aufgabe des Tages. Das wähle ich aus, indem ich mich frage, welche eine Aufgabe an diesem Tag – selbst wenn ich sonst gar nichts täte – auf jeden Fall erledigt werden muss. Außerdem mache ich etwas, das vielleicht nicht jedermanns Sache ist: Ich gehe dieses MIT als Allererstes an, und zwar noch bevor ich mich in das Morgenritual begebe, also bevor ich dusche, Kaffee trinke und frühstücke.

Die wichtigste Aufgabe des Tages

Für die nächsten Schritte hat sich der Stundenplan als sehr nützlich erwiesen. Tatsächlich ist das eine Einteilung des Tages in Stundenabschnitte, denen dann die einzelnen Aufgaben zugeteilt werden. Ich kann dir versprechen, wenn du dir nicht eindeutig selbst aufträgst, was du wann erledigen möchtest, wirst du nicht weit kommen.

Wochenplanung

Die Wochenplanung ist eine recht einfache Angelegenheit. Es ist die Zusammenstellung der MITs, also der Most Important To Dos. Würdest du dir zu viel vornehmen, wärst du einfach überwältigt von der langen Aufgabenliste. Daher reduziere den Wochenplan auf vier bis fünf MITs und erledige diese. Sieh dir genau an, ob es Termine gibt oder ganze Tage, die wegfallen, und ob die MITs überhaupt realistisch sind.

Mal unter uns, ganz wichtig für diese Tagespläne und Wochenpläne ist folgende Erfahrung: Die Aufgaben, die wir uns vornehmen, dauern immer länger, als wir glauben. Teile dir deshalb nur in jeder zweiten Stunde etwas Neues und Großes ein. Es kommt immer wieder etwas dazwischen, etwa ein (Skype-)Anruf oder eine neue Information, die eine sofortige Reaktion erfordert. Vielleicht ruft auch jemand privat an oder das To-do, von dem du dachtest, es sei schnell erledigt, dauert vielleicht doch eine halbe Stunde länger. Allmählich wirst du ein Gefühl dafür entwickeln, wie lange die Aufgaben wirklich dauern, und dann kannst du zunehmend besser planen.

Weniger ist mehr Eine realistische Planung ist wichtig, denn zu umfangreiche Tages- und Wochenpläne, die am Ende nicht erledigt wurden, sind nicht gerade ein motivierender Faktor. Das heißt, es ist motivierender, sich mal weniger aufzuhalsen und dann am Ende der Woche sogar noch Luft zu haben, als sich hochmotiviert am Montag mit allen möglichen Sachen zuzudecken und dann noch am Wochenende daran arbeiten zu müssen.

Monatsplanung

Die Monatsplanung ist sogar noch einen Tick einfacher als die Wochenplanung. Idealerweise ergeben die MITs der Tage und Wochen das Monatsprojekt. Nützlich ist es, jeden Monat quasi unter ein Motto zu stellen und alle Aufgaben diesem einen Ziel unterzuordnen. Das klingt jetzt nach wenig Effizienz, weil wir heutzutage lernen, dass man mit vielen Bällen jonglieren können muss, aber vertraue mir: In einem Blogbusiness prasselt so viel auf dich ein, dass du selbst die Einfachheit einbringen musst, die sonst in diesem Business fehlt.

Nimm dir den Monatsplan, also dieses eine Motto für den Monat, immer wieder her, wenn es darum geht, die Wochenpläne zu erstellen und die MITs für den Tag zu definieren, und frage dich immer, ob dich das, was du tust, tatsächlich dem Monatsziel näherbringt.

Das Monatsprojekt

E-Mail-Management

Es gibt zu viele E-Mails. Und sie kosten uns zu viel Zeit und Energie. Aber es gibt auch eine einfache Lösung: Die Strategie nennt sich „Zero Inbox". Zero Inbox erscheint vielen zunächst völlig unmöglich, es bedeutet nämlich, dass keine Mail mehr in deiner Inbox ist, wenn du dein E-Mail-Programm schließt. Das kling utopisch, ich weiß, aber nach ein paar Tagen harter Arbeit ist es möglich. Und ich kann dir versprechen: Es ist ein sehr erstrebenswerter Zustand.

Zero Inbox

Im Detail läuft die Strategie so ab: Du hast dein E-Mail-Programm nicht dauernd geöffnet, sondern öffnest es nur zu bestimmten Zeiten. Ich habe damit begonnen, nur zweimal am Tag E-Mails zu lesen. Mittlerweile mache ich es nur mehr alle zwei Tage, sprich Montag, Mittwoch und Freitag.

Im Umgang mit den E-Mails, die ungelesen in der Inbox sind, hast du fünf Möglichkeiten:

1. Möglichkeit: Wenn sich die E-Mail in weniger als zwei Minuten erledigen lässt, dann bearbeitest du sie sofort und löschst bzw. archivierst sie danach.
2. Möglichkeit: Die E-Mail betrifft gar nicht wirklich dich, das heißt, jemand anderes sollte sie bearbeiten. Du leitest die Mail weiter und löschst sie danach.
3. Möglichkeit: Die E-Mail ist ein Newsletter, der dich nicht mehr interessiert. Dann trägst du dich aus.
4. Möglichkeit: Es dauert länger, die E-Mail zu bearbeiten. Dann kopierst du die Infos raus, legst ein To-do an und löschst die Mail.
5. Möglichkeit: Die E-Mail wird erst in ein paar Tagen spruchreif (du wartest z. B. noch auf die Entscheidung von jemandem). Dann lass dir diese E-Mail an diesem Tag wieder vorlegen. (Wenn du G-Mail benutzt, dient dazu das Tool „Boomerang", andere E-Mail-Programme haben ähnliche Funktionen.)

Mit dieser Strategie, wenn sie konsequent angewendet wird (ja, ich weiß, am Anfang ist das echt viel Holz), hast du in kürzester Zeit dein E-Mail-Management im Griff und sparst unglaublich viel Zeit.

„Sprinten" und „Joggen"

Ausgewogenheit Die Wochen- und Monatspläne sind ein wichtiges Indiz dafür, ob die nächste Zeit eher arbeitsaufwendig wird, das heißt, ob da „gesprintet" wird, also ganz viel zu tun ist, weil du viel erreichen möchtest, oder ob es eher ein „Jogging-Monat" wird, in dem du sagst: „Okay, jetzt habe ich zwei Monate lang Vollgas gegeben. Nun ist es gut, mal wieder einen Monat lang zu joggen." Wichtig ist, dass du dir bewusst Jogging- und Sprintphasen einteilst, entweder für Wochen oder für Monate. Die Ausgewogenheit macht's. Du kannst nicht immer sprinten – und ein Jogger braucht lange bis zum Ziel. Finde eine Balance in deinem Workflow.

Pausen

Vermutlich genauso wichtig wie die Organisation deines Work-flows und deiner Aufgaben sind die Erholungsphasen. Es gibt bei mir keinen Arbeitstag, an dem nicht folgende Punkte bedacht wurden:

- **Mini-Pausen:** Ich lege regelmäßige Mini-Pausen ein. Dabei helfen mir die Pomodoro-Technik (mehr dazu weiter unten) und die App „Time out".
- **Wasser:** Ich trinke mindestens 2 Liter Wasser am Tag und lasse mich von der App „Waterlogged" regelmäßig daran erinnern.
- **Sitzen und Stehen:** Ich habe einen Schreibtisch, der höhenverstellbar ist. Dadurch kann ich dafür sorgen, dass sich bei mir die Sitz- und Stehphasen die Waage halten, wobei ich auch aktiv die Positionen variiere (Schreibtisch, Couch, Sitzen am normaler Tisch, Stehpult etc.).
- **Essen:** Im meinem Stundenplan finden sich auch meine Essenszeiten. Ich esse nicht „mal schnell" oder nebenbei, wie viele das vom Büro gewohnt sind, sondern ich nehme mir Zeit dafür.
- **Meditation:** Mein Tag beginnt morgens mit einer 30-minütigen Meditations-Session und auch nach dem Mittagsessen wird rund 10 Minuten meditiert. Ich weiß nicht, welche andere Gewohnheit mir jemals mehr Lebensqualität und Kraft geliefert hätte als die tägliche Meditation.
- **Spazieren gehen:** In seinem Buch *Musenküsse* hat Mason Currey die Gewohnheiten und Routinen erfolgreicher Menschen analysiert und dokumentiert. Es gibt kaum einen erfolgreichen Menschen aus Vergangenheit oder Gegenwart, der nicht den regelmäßigen Spaziergang zu einer vielgeliebten Gewohnheit gemacht hätte. Daher gehe ich jeden Nachmittag 10 000 Schritte.

Fokuswerkzeuge

Verschiedene Werkzeuge und Strategien helfen dir dabei, wirklich fokussiert und dadurch erfolgreich und produktiv zu arbeiten. Hier präsentiere ich dir eine kleine, von mir erprobte Auswahl:

Selbstdisziplin

Es gibt eine App für den Mac namens „Self Control" (die Alternative für den PC ist „Focus me"). Damit kann man bestimmte Webseiten wie Facebook und Co. auf bestimmte Zeit einfach sperren, falls der innere Schweinehund mal stärker ist als man selbst. Wenn du also (wie ich auch) dazu tendierst, öfter mal „rumzusurfen" und dann zu entdecken, dass ein paar Stunden nutzlos verstrichen sind, dann sind diese Apps genau das Richtige für dich.

Pomodoro-Technik

Diese Technik ist leicht erklärt: 25 Minuten fokussiert arbeiten, alle Störquellen eliminieren. Dann 5 Minuten Pause, dann wieder 25 Minuten arbeiten. Für alle Systeme (Windows, Mac, iPhone, Android etc.) gibt es Software, die dich dabei unterstützt, mit der Pomodoro-Technik zu arbeiten. Tu es, es macht dich fokussierter!

Batch and block

Gleiche Aufgaben zusammenfassen

Fasse gleiche Aufgaben zusammen. Das bedeutet: Schreibe mehrere Artikel auf einmal, pflege die Facebook-Postings für den kommenden Monat auf einmal ein, kontaktiere mehrere Gastartikel-Autoren auf einmal usw. Dabei geht es auch darum, bestimmte Zeiten deines Tages oder deiner Woche für bestimmte Aufgaben zu blocken und nichts dazwischenzuschieben, sodass sich wieder Routinen ergeben.

Das Blocken hängt mit dem Zusammenfassen zusammen, weil man sich beispielsweise innerhalb eines Monats oder einer Woche bestimmte Tage komplett für bestimmte Aufgaben reserviert. Diese Tage bzw. diese Zeiträume sind dann für bestimmte Dinge geblockt, das heißt, es können auch keine Termine an diesen Tagen vereinbart werden, da man bereits einen Termin mit sich selbst hat. Ich habe für mich gelernt, dass es ganz, ganz wichtig und auch sehr befriedigend ist, die Termine mit sich selbst genauso ernst zu nehmen wie die Termine mit anderen.

Häuptling und Indianer

Eine weitere Strategie, die ich sehr gerne einsetze, ist die Häuptling-und-Indianer-Strategie. Dabei geht es darum, dass ich mir bei meinen Aufgaben überlege, ob es sich dabei eher um eine Planungssache handelt. In diesem Fall brauche ich Ruhe, Entspannung und Fokus – den Häuptling-Modus. Oder aber, es handelt sich um operative Arbeit, für die ein bisschen weniger Hirnschmalz nötig ist, sondern Tun und Machen.

Unser Gehirn mag es nicht, von einer Pomodoro-Einheit zur nächsten zwischen Häuptling und Indianer umzuschalten. Also sind die Wochenpläne und besonders die Tagespläne auch dazu da, die To-dos, die das operative Geschäft betreffen, von denen, bei denen es ums Planen geht, zu trennen. Das Ziel ist es, sich ganz bewusst in den Häuptling- oder den Indianer-Modus zu begeben.

Offline, Online, Producing

Ich teile meine Aufgaben in drei Gruppen ein: Online-Aufgaben, Offline-Aufgaben und sogenannte Producing-Aufgaben. Online-Aufgaben sind alles, wozu ich das Internet benötige, logisch. Offline-Aufgaben sind meistens Aufgaben im Häuptling-Modus, bei denen es um das Denken und Planen geht. Dabei braucht man keine Internetverbindung, ganz ehrlich, vielleicht ist es ohne sogar besser, damit das Internet nicht von den wichtigen Dingen ablenkt. Die Aufgaben vom dritten Typ sind die, bei denen ich Equipment wie Mikrofon oder Kamera benötige. Auch nach diesen drei Kategorien fasse ich meine Aufgaben sinnvollerweise zusammen, sodass ich sie blockweise abarbeiten kann.

Die Pläne

Wie dir sicher schon aufgefallen ist, sind gute Pläne das A und O. Am Ende dieses Exkurses gebe ich dir daher noch einmal eine Übersicht darüber, welche Pläne dich bei deinem Blogbusiness unterstützen:

Redaktionsplan

Der rote Faden

Plane deine Artikel, deine Serien, deine Kernaussagen, deine Monats- oder sogar Jahresthemen und bringe einen roten Faden, eine Dramaturgie in deine regelmäßigen Blogartikel. Führe deine Leser durch eine Welt, durch deine Welt, und sei dir immer bewusst, was du sagen willst, was deine Botschaft ist. Das verlierst du beim Bloggen sonst schnell aus den Augen. Am besten ist, du machst dir einen Plan, der folgende Infos umfasst:

- **Kalender:** Klar, um längerfristig zu planen, musst du wissen, wann welcher Artikel erscheint. Auch saisonale Themen (Weihnachten, Sommerferien) sollten berücksichtigt werden.
- **Stadium des Artikels:** Du solltest im Plan auf einen Blick sehen, in welchem Stadium sich ein Artikel befindet und was dafür noch getan werden muss (Outline, Entwurf, muss Korrektur gelesen werden etc.).
- **Artikelthema und -intention:** Mache dir bei jedem Artikel klar, was die Kernaussage ist und was du mit diesem Artikel erreichen willst. Das Ziel jedes Artikels muss klar sein (Leser unterhalten, neue Interessenten in die Mailingliste bringen, inspirieren, lehren etc.)

- **Format:** Notiere, welches Blogartikelformat du einsetzt (List-Post, How-to-Post etc.) und in welcher Form die Inhalte erscheinen (Text, Bild, Video, Audio).
- **Recherche:** Sammle hier alle Infos rund um den Artikel und notiere, welche Infos dir noch fehlen.
- **Call to Action:** Formuliere vorab die Handlungsaufforderung an den Leser (passend zur Intention des Artikels) und stelle sicher, dass diese auch öfter im Artikel vorkommt.
- **Links:** Alle Links, die du im Artikel unterbringen willst (entweder eigene Artikel oder externe Quellen), sammelst du hier.
- **Gastartikel:** Mach dir klar, wann du Gastartikel wo schreiben willst oder wann welche Gastartikel auf deinem Blog erscheinen sollen.

Promotionplan

Plane deine Werbe-, Marketing- und Promotionaktivitäten, also z. B. Projekte wie einen Blogbang oder einen Contest. Überlege dir, welche Hebel du in Bewegung setzt, damit deine Artikel gelesen werden.

Social-Media-Plan

Genauso wie du einen Redaktionsplan brauchst, benötigst du auch einen Social-Media-Plan. Mache nicht den Fehler, sofort überall sein zu wollen. Die „Be everywhere"-Strategie hat natürlich ihre Berechtigung, aber frage dich: „Kann ich wirklich alles gut machen, alle Kanäle gut abdecken, oder ist es sinnvoll, mich auf ein, zwei Kanäle zu beschränken?" Ganz ehrlich: Eine stringente Facebook-Strategie allein ist schon eine Menge Arbeit. Auch hier ist also Fokus gefragt!

Überall sein?

Produktplan

Ähnliches gilt für Produkte. Natürlich kannst du sofort einen umfangreichen E-Kurs mit allem Drum und Dran planen, weil sich damit natürlich die meiste Kohle verdienen lässt (wenn er sich verkauft). Aber vielleicht ist es mit Blick auf deine Leserschaft auch ratsam, ein günstiges Einsteigerprodukt im Angebot zu haben, um die Kaufschwelle niedrig zu halten.

E-Mail-Marketing-Plan

Pläne aufeinander abstimmen

Ähnlich wie beim Redaktionsplan gilt auch hier: Plane langfristig, was in Form von Newslettern an deine Leser gesendet wird und wie oft und auch, was die Inhalte deiner Follow-up-Mails sind. Wichtig ist, dass du jeweils zwei Monate im Voraus alle Pläne miteinander verschränkst, damit alles logisch zusammenspielt.

3.5 Digitale Produkte

Diesem Thema ist ein Sonderkapitel gewidmet, weil hier wohl größerer Klärungsbedarf besteht: einerseits zur Frage, was ein digitales Produkt ist und welche Formen es gibt, und andererseits zur Frage, wie man digitale Produkte verkauft.

Digitale Produkte anzubieten, ist deswegen für viele so interessant, weil das viele Vorteile in sich birgt:

Vorteile

Keine Material- und Produktionskosten: Ein digitales Produkt ist kein physischer Gegenstand aus einem bestimmten Material, sondern es enthält Wissen in einem Video-, Audio- oder Textformat. Es wird nicht in physische Form gebracht (DVD, CD, Buch), sondern liegt nur als digitale Datei vor. Somit ist das Risiko, so ein Produkt zu produzieren, gering, weil keinerlei Kosten entstehen, außer der Zeit, die du investieren musst, um dein Wissen niederzuschreiben oder aufzunehmen. Wenn du mehr davon brauchst, ist das auch kein Problem, denn es gibt bereits mehr davon, nichts muss nachproduziert werden.

Keine Logistikkosten: Digitale Produkte brauchen kein Lager, müssen nicht verpackt werden und es entstehen auch weder Aufwand noch Kosten durch den Versand. Ein digitales Produkt wird entweder per Download-Link ausgeliefert oder der Kunde bekommt Login-Daten zu einem geschützten Bereich auf einer Webseite. Auch hier wird offenkundig, wie risikolos es ist, ein Business mithilfe von digitalen Produkten aufzubauen, weil viele übliche Kostenfaktoren wegfallen.

Automatisierter Verkaufsprozesses: Wenn ein digitales Produkt gekauft wird, läuft das üblicherweise so ab: Ein Kunde findet ein digitales Produkt auf einer Webseite oder in einer E-Mail, die er erhalten hat. Von dort kommt er auf eine sogenannte Sales-Page (vergleichbar mit einem Schaufenster und dem Verkaufsgespräch in der realen Welt) und entscheidet sich, das Produkt zu kaufen. Ein Mausklick führt zu einem digitalen Zahlungsabwicklungssystem, Geld fließt online (Paypal, Kreditkarte, Sofortüberweisung etc.). Das Zahlungsabwicklungssystem bestätigt die Zahlung, versendet automatisch eine Rechnung, und eine weitere automatisch versendete E-Mail liefert entweder den Download-Link oder die Zugangsdaten an den Kunden.

Passives Einkommen Wie du vielleicht bemerkt hast, ist in diesem gesamten Prozess kein aktives Zutun eines Menschen notwendig. Die gesamte Kaufabwicklung findet automatisch statt. Man spricht von „passivem Einkommen" , weil dabei deine aktive Arbeit nicht notwendig ist. Keine Kundenakquise, kein Verkaufsgespräch, kein Checken der Zahlung, kein buchhalterischer oder logistischer Aufwand. Alles automatisch.

Gleich vorweg: So ein System ist nicht im Handumdrehen aufgebaut und zu einem wirklich hundertprozentigen passiven Einkommen ist es ein längerer Weg, aber wenn das Ergebnis eintritt, ist das eine feine Sache. Und ein „normales" Offline-Business entsteht schließlich auch nicht über Nacht.

Was du über digitale Produkte wissen musst

Hier liegt die Zukunft Digitale Produkte gibt es in den verschiedensten Formen. Auch wenn für viele Menschen E-Books, Hörbücher und Online-Videokurse noch etwas ganz Neues sind, kannst du davon ausgehen, dass hier die Zukunft liegt. Die Zeichen stehen ganz klar auf Wachstum. Wenn digitale Produkte auch für dich etwas Neues darstellen, dann wird dieses Kapitel dir definitiv die Angst oder die Bedenken nehmen.

E-Book

Amazon verkauft mittlerweile mehr Kindle-Bücher als gedruckte. Digitale Lesegeräte von iPad bis Kindle machen es leicht, E-Books zu lesen, und sie erschließen einen riesigen Selfpublishing-Markt.

Ein Buch in digitaler Form, z. B. als PDF oder Kindle-Buch, scheint als digitales Produkt sehr naheliegend, und vielleicht denkst du jetzt: „Ja, klar, kenne ich. Nichts Besonderes. Reich wird man davon nicht." Aber was ich dir jetzt sage, wird dich vielleicht erstaunen: Auch ein digitales Produkt übernimmt verschiedene Funktionen. Mit einem digitalen Produkt, das du verkaufst, musst du nicht unbedingt (sofort) Geld verdienen. Es übernimmt für dich eine andere Aufgabe – und nein, damit meine ich nicht, dass du es verschenken sollst!

Ich meine damit, dass ein E-Book eine bestimmte Funktion innerhalb deines (zukünftigen) Produktportfolios übernimmt: Es ist das Einsteigerprodukt, das wenig kostet. Davon wirst du nicht reich. Aber du gewinnst Kunden. Menschen öffnen zum ersten Mal für dich ihre Geldbörse und geben dir etwas von ihrem sauer verdienten Geld, und wenn es nur 10 Euro sind.

Einsteiger-produkt

„Aber was bringt mir das?", wirst du dich fragen. „10 Euro? Da muss ich ja Hunderte E-Books pro Monat verkaufen." Nein, musst du nicht. Denn das E-Book ist der Anfang des Prozesses – also die erste Stufe, die erste Hürde. Das erste Mal an einen Fremden online Geld zu überweisen, ist in den Köpfen vieler Menschen ein großes Ding. Und diese Hürde machst du so niedrig wie möglich.

Denn Menschen, die schon mal von dir gekauft haben und zufrieden sind, kaufen wieder, wenn du ihnen mehr von dem lieferst, was sie brauchen. Und dann geben sie auch gerne mehr Geld aus. Es ist eine alte Verkäuferweisheit, dass das Verkaufen an zufriedene Kunden immer leichter ist als das Verkaufen an Neukunden.

Ein E-Book ist relativ schnell produziert, jeder hat Word oder Ähnliches auf seinem Computer. Wichtig ist hier wieder, dass du ganz gezielt etwas lieferst, was deine Leser brauchen. Denke daran, dass du mit großen Verlagen in Konkurrenz stehst. Das ist aber einfacher als gedacht. Denn deine Leser kaufen ja nicht den Inhalt allein – sie kaufen den Inhalt von dir.

Hörbuch

Audio boomt — Das Hörbuch nimmt einen ähnlichen Stellenwert ein wie das E-Book, nur ist es eben kein Buch zum Lesen, sondern eines zum Hören. Menschen lieben es, Bücher im Auto, im Fitnessstudio oder beim Spazierengehen zu hören. Der Hörbuchmarkt wächst, und das, wie Amazon mit Audible zeigen, auch auf digitalem Weg.

Auch beim Hörbuch ist die Produktionshürde niedrig. Mikrofone für den Computer und Programme zum Schneiden sind günstig und sehr einfach zu bedienen. Daraus muss man dann nur noch ein MP3 machen und denselben Weg wie beim E-Book gehen. (Im Online-Bonus-Bereich findest du Links zu Tools, mit denen du das ganz einfach bewerkstelligen kannst.)

Videokurs

In einen Videokurs hast du entweder als Screencast (das Aufnehmen deines Computerbildschirms bei Präsentationen oder Tutorials) oder Head-Video (du bist zu sehen) alle Infos, Werkzeuge, Schritt-für-Schritt-Anleitungen etc. zu einem bestimmten Thema oder einem bestimmten Nischenproblem zusammengepackt.

Zugang zum Mitgliederbereich — Die Videos sind in einem sogenannten Mitgliederbereich anzusehen und deine Kunden kaufen quasi den Zugang zu diesen Videos. Zusätzlich gibt es dort auch noch weitere Materialien wie Arbeitsblätter und Checklisten, damit deine Kunden alles genau verstehen und besser lernen können.

Ja, keine Frage, das ist nicht einfach mit einem Fingerschnipp gemacht. Aber auch in diesem Bereich ist in den letzten Jahren viel passiert. Solche Videos können mittlerweile mit Smartphones gefilmt und mit günstiger Software auf dem PC oder Mac geschnitten werden. Ich gebe zu, man muss sich ein paar neue Fähigkeiten aneignen, aber unter uns: Das ist kein Hexenwerk.

Ich habe weder eine Ausbildung als Kameramann noch als Tontechniker absolviert und dennoch alle meine Videokurse selbst gemacht. Es ist nichts dabei, was man nicht in kürzester Zeit lernen könnte.

Videokurse können je nach Umfang und Aufmachung natürlich erheblich teurer sein als E-Books und Hörbücher. Es ist durchaus möglich, von einem einzigen Videokurs zu leben. Beispiele wie die Kurse Zeninvestor (von Holger Grethe) oder Shootcamp (von Christian Anderl) beweisen das eindrucksvoll.

Teurer als E-Books

Das Abo-Modell

Eine Sonderform des normalen Videokurses ist eine Abo-Mitgliedschaft. Das bedeutet, dass deine Mitglieder einen monatlichen Beitrag zahlen und dadurch regelmäßig (wöchentlich, monatlich) neue Inhalte bekommen. Sie durchlaufen also im Kurs einen Entwicklungsprozess und bleiben dran. So ein Produkt empfiehlt sich dann, wenn es länger dauert, die erlernten Inhalte umzusetzen, oder wenn eine persönliche Entwicklung nötig ist, um diesen Prozess zu durchlaufen.

Mein Mitgliederbereich „EntspanntErfolgreich" ist ein Beispiel dafür. Alle meine digitalen Produkte (Online-Kurse, Hörbücher, E-Books etc.) von Persönlichkeitsentwicklung bis Online-Business sind in einem Mitgliederbereich zusammengefasst. Und regelmäßig kommen neue Inhalte dazu, wie bei einem Abo eben. Auch dieses Produkt funktioniert natürlich mithilfe von diversen Marketing-Automatisierungen und läuft auf „Autopilot".

E-Mail-Kurse

Ein weiteres digitales Produkt ist ein E-Mail-Kurs. In diesem Fall gibt es keinen Mitgliederbereich, in den sich die Kunden einloggen müssen, sondern du verschickst die Inhalte per Mail an sie. Das wirkt natürlich nicht so hochwertig und muss auch preislich eher niedrig angesetzt werden, ist dafür aber viel schneller produziert als ein Videokurs. Ein E-Mail-Kurs eignet sich dann ganz besonders gut, wenn die Inhalte vor allem schriftlich und auch häppchenweise (z. B. Woche für Woche) übermittelt werden sollen.

Gesamtkonzept

Nun hast du einen Überblick darüber, welche Möglichkeiten du hast, wenn du dich für digitale Produkte entscheidest. Mein Rat wäre: Nutze nicht nur eine Form, sondern mache ein Gesamtkonzept, in dem alle Formen und somit auch alle Preisstufen vorkommen. Bedenke, dass nicht alle Menschen gleich ticken: Manche Kunden lesen lieber, andere hören gerne und die dritten sehen sich gerne Lehrvideos an.

Keine Angst, du musst das alles ja nicht von heute auf morgen produzieren, aber einen Gesamtplan zu haben, um die einzelnen Bausteine darin dann nach und nach zu produzieren, ist sehr hilfreich.

Digitale Produkte entwickeln

Seit rund 15 Jahren bin ich im Marketingkontext tätig. Im Zuge dessen habe ich schon viele gute und auch sehr viele schlechte Strategien kennenlernen dürfen. Wenn Produkte, Services, Dienstleistungen oder was auch immer beworben werden, dann verbringt man viel Zeit mit der Botschaft und dem Beschreiben des Produkts.

Meistens teilt die Botschaft mit, was die Eigenschaften des Produkts sind, seine Features, also das, was das Produkt ist, was es
kann, woraus es besteht. Gerade bei technischen Produkten geht
es zusätzlich noch um unglaublich viele Details, die selten jemand
versteht. Was oftmals vergessen wird, ist der Nutzen: Was hat der
Kunde oder Klient davon?

Jetzt wirst du dir denken: „Markus, was redest du da? Ist das nicht
das Gleiche?" Ich gebe zu, auf den ersten Blick ist der Unterschied
nicht ganz ersichtlich. Und genau deshalb, aber auch, weil die Beschreibung des Nutzens ein wenig Denken erfordert, wird der Fokus meist auf die Features, die Eigenschaften gelegt. Dazu zwei
Beispiele:

Features	Nutzen
Produkt 1: Toilettenpapier	
fünflagig, mit Aloe vera, bedruckt mit lustigen Motiven, farbig, reißfest, sanft zur Haut ...	Hm, ich denke, der liegt wohl auf der Hand. ;-)
Produkt 2: MP3-Player (genauer: iPod)	
80 GB Speicher, Hunderte Stunden Akkulauf-zeit, einfach zu bedienen, in verschiedenen Farben, Farbdisplay ...	Apple hat nicht auf Features, sondern auf den Nutzen gesetzt und folgende Botschaft kommuniziert: „5000 Songs in deiner Hosentasche."

Du erkennst den Unterschied. Leider wird viel zu oft auf den Features herumgeritten, die zwar vielleicht das Produkt auszeichnen,
aber auch langweilig und unemotional sind. Der Nutzen ist die
Emotion, das Warum, das, was der Kunde braucht, die Befriedi-
gung des Bedürfnisses. Wenn du deine digitalen Produkte entwickelst und vermarktest, solltest du daher immer daran denken, den
Fokus auf den Nutzen zu legen.

Doch nun zur eigentlichen Entwicklung deiner Produkte. Natürlich ist digitale Produkte produzieren eine Herausforderung, egal, wie umfangreich das Produkt ist, ob du ein Mini-E-Book produzierst oder einen kompletten Videokurs. Bei meinem ersten E-Kurs war ich zugegebenermaßen ziemlich überfordert, und das Planen und Strukturieren war für mich damals eine echte Challenge.

So geht es fast allen. Du startest mit einer Idee für ein digitales Produkt, hast eine recht klare Vorstellung, was es werden soll, und dann sind die ersten Notizen gemacht und du kommst vom Hundertsten ins Tausendste. Das Ganze ufert extrem aus und du verlierst die Zuversicht, „so etwas Großes" hinzubekommen. Und du produzierst dieses digitale Produkt nie. Oder aber, du sitzt vor einem weißen Blatt und weißt nicht, wo du anfangen sollst. Irgendwie fällt es dir extrem schwer, eine Struktur zu finden. Du denkst dir: „Ich bin eben nicht so der Planer." Und du produzierst dieses digitale Produkt nie.

In solchen Situationen helfen auch keine „Du kannst das, du kannst alles erreichen!"-Parolen. Hier muss etwas Konkretes her, nämlich die „7 × 7 × 7"-Methode

„7 × 7 × 7" – Die Formel zum Produzieren digitaler Produkte

Nehmen wir eines meiner Produkte als Beispiel, und zwar im Themenbereich Online-Business. Dieses Thema zerteile ich in sieben große Blöcke, die meiner Ansicht nach die wichtigsten Elemente für ein erfolgreiches Lifestyle Business sind:

1. Personal Branding
2. Content (Bloggen)
3. Lead-Generierung (Interessenten generieren)
4. E-Mail-Marketing
5. Social Media
6. Digitale Produkte entwickeln
7. Digitale Produkte verkaufen

Für dich bedeutet das, dass du, egal, auf welcher Ebene du beginnst (egal, ob ganz oben wie ich gerade oder weiter unten), die sieben wichtigsten Elemente aufschreibst, die dieses Thema oder Problem ausmachen. Nein, du denkst nicht über Inhalte nach! Du definierst die sieben Teile und schreibst sie als Überschriften auf sieben Blatt Papier.

Kommen wir zur zweiten 7. Um diesen Schritt anhand des Beispiels zu demonstrieren, entscheide ich mich mal für den ersten Punkt „Personal Branding". Zu diesem Punkt schreibe ich wieder die sieben wichtigsten Elemente auf. Ab hier denkst du aber ein wenig anders: Es geht nicht darum, welche sieben Teile die wichtigsten sind, sondern welche sieben Teile deine Kunden am meisten weiterbringen.

Die zweite 7

In meinem Personal-Branding-Produkt „Werde zur Marke" waren das die folgenden sieben Elemente:
1. Warum Personal Branding?
2. Kernaussagen
3. Sticky Marketing
4. Storytelling
5. Klischees
6. Columbo-Effekt
7. Selbstinszenierung

Diese sieben Elemente machen meine Art des Personal Brandings aus und haben mir erheblich dabei geholfen, mein Business aufzubauen.

Für dich heißt das: Nimm eines der sieben Blätter zur Hand und schreibe zu jeder Überschrift jeweils sieben Punkte auf, die innerhalb dieses Themenbereichs bedeutend sind. Wichtig: Hab dabei stets den Wissensstand und die Fähigkeiten deiner Kunden im Blick.

Jetzt bist du bei der Konzeption deines digitalen Produkts bereits einen erheblichen Schritt weiter. Zusätzlich kannst du zu den „zweiten 7" jeweils einen Satz schreiben, der ins Inhaltliche geht, etwa so:

1. Warum Personal Branding? *Was ist der Nutzen von Personal Branding, warum soll man das eigentlich machen?*
2. Kernaussagen. *Finde die Kernbotschaften deines Business und wiederhole sie ständig.*
3. Sticky Marketing. *Entwickle Sticky-Marketing-Elemente, die dich unvergleichbar machen.*
4. Storytelling. *Erzähle deine Story und führe damit deine Kunden durch Prozesse zum Kauf.*
5. Klischees. *Setze Klischees bewusst ein, um deine Marke aufzubauen.*
6. Columbo-Effekt. *Arbeite mit dem Columbo-Effekt, um Vertrauen bei deinen Lesern und Kunden aufzubauen.*
7. Selbstinszenierung. *Erkenne und definiere, was du einsetzt, um dein Image aufzubauen oder zu festigen.*

Du merkst, auf diese Weise kommst du schon sehr weit. So kannst du Produkte unglaublich schnell planen und hast einen festen Fahrplan, der dich auf Spur hält. Wir kommen zum letzten Schritt.

Die dritte 7 Du ahnst bereits, wie es weitergeht: Du nimmst einen der Punkte auf Ebene der zweiten 7 her und arbeitest dazu die genauen Inhalte, also die Kapitelüberschriften oder Video-Lektionen, aus. So erhältst du noch einmal sieben Teile, und damit ist das digitale Produkt zur jeweiligen Überschrift fertig geplant. Hier wieder meine Beispiele für den Kurs „Werde zur Marke", und zwar zum zweiten Punkt „Kernaussagen":

1. Was sind Kernaussagen?
2. Warum Kernaussagen?
3. Wie findest du deine Kernaussagen?
4. Wir formulierst du deine Kernaussagen?
5. Wie setzt du deine Kernaussagen ein?
6. Wie helfen dir deine Kernaussagen beim Geldverdienen?
7. Case Study: Das sind meine Kernaussagen

Ich verspreche dir, dass du damit einfach und schnell eine perfekte Outline für jede Art von digitalem Produkt entwickeln kannst.

Wie du im Handumdrehen ein digitales Produkt produzierst

Doch neben dieser sehr effektiven Formel verrate ich dir nun noch zwei weitere Strategien. Mit deren Hilfe entwickelst und produzierst du dein erstes Produkt quasi nebenbei. Im Vorbeigehen. Wie von selbst. Klingt zu gut, um wahr zu sein? Lass uns mal sehen:

Dein Blog selbst ist der Lieferant für das Produkt.

Auf diese Technik wurde ich durch Pat Flynn und sein kostenloses E-Book „eBooks – The Smart Way" aufmerksam. Das ist ein E-Book, das aus dem Blog heraus entstanden ist. Es enthält also Inhalte, die in Form einzelner Artikel bereits im Blog zu lesen sind. Pat legt auch offen, dass es sich um Bloginhalte handelt. Sein Buch ist zwar kostenlos, aber es gibt auch Beispiele für kostenpflichtige Produkte dieser Art. Den Wert des Produkts machen also neben dem Content auch die Aufmachung, die Struktur und der rote Faden aus.

Wenn es deinen Blog oder deine Webseite schon eine Zeit lang gibt, dann hast du vermutlich schon eine ganze Menge Content produziert, vielleicht sogar so viel (mir geht es so), dass du gar nicht mehr genau weißt, was und worüber du schon geschrieben hast. Die Strategie ist nun, die Artikel durchzusehen und thematisch zu ordnen, also quasi zu Kapiteln zusammenzufassen. Konkret geht es dabei um folgende Schritte:

Strategie 1: Der Lagerbestand

1. Verschaffe dir eine Gesamtübersicht über deine Blogartikel.
2. Wähle Artikel aus und strukturiere die Auswahl thematisch.
3. Fasse die Artikel in einem Dokument zusammen und bearbeite sie, sodass sich ein logischer Lesefluss ergibt.

4. Schreibe Ergänzungen (Einleitung, Überleitung, Nachwort).
5. Erstelle Bonusmaterial (damit es ein wenig mehr ist als die gesammelten Blogartikel).
6. Gib dem Ganzen einen Titel und freu dich!

**Strategie 2:
Nach vorne
schauen**

Nun zur zweiten Strategie: Warum nicht eine Blogserie konzipieren, die von Anfang an auch dazu gedacht ist, auch als E-Book veröffentlicht zu werden? Oder ein E-Book so planen, dass du es in einzelnen Teilen (in Form von Blogartikeln) über eine bestimmte Zeit hinweg schreibst?

Ich habe das bei der Serie „Hamsterrad-Management" so gemacht: In dieser Serie habe ich 100 Werkzeuge gesammelt, mit denen man das persönliche Hamsterrad besser managt. Über drei Monate hinweg habe ich die Serie in sechs Teilen geschrieben. Anschließend musste ich die einzelnen Artikel nur noch zusammenfassen, und fertig war ein weiteres digitales Produkt.

Das E-Book von Darren Rowse (von Problogger.net) „31 Days to Build a Better Blog" entstand aus einem Blog-Contest, also aus einer Art Artikelserie, und wird nun als eines seiner erfolgreichsten E-Books (mittlerweile in der 2. überarbeiteten Fassung) verkauft – ein Produkt, das für ihn keinerlei Zusatzaufwand bedeutete.

Auch du kannst dir dieses Prinzip zunutze machen. Hier die Schritte:
1. Plane ein E-Book, vergib einen Titel und unterteile es in kleine Häppchen.
2. Schreibe über eine bestimmte Zeitspanne hinweg nach und nach die einzelnen Teile und veröffentliche sie als normale Blogartikel.
3. Beobachte die Kommentare und reagiere inhaltlich darauf bzw. notiere dir die Ideen.
4. Fasse die Artikel in einem Dokument zusammen und bearbeite sie, sodass sich ein logischer Lesefluss ergibt.
5. Schreibe Ergänzungen (Einleitung, Überleitung, Nachwort).

3. Wie? Der Werkzeugkasten für deinen Erfolg als Blogger

6. Erstelle Bonusmaterial (damit es ein wenig mehr ist als die gesammelten Blogartikel).

Was du anschließend mit dem E-Book machst, bleibt dir überlassen. Ob du es als Gratis-Goodie an deine Newsletter-Abonnenten verteilst, als günstiges Einsteigerprodukt verkaufst oder ein Kindle-Buch daraus machst (um neue Leser zu erreichen), ist für die Produktion egal, wichtig ist nur, dass du immer ehrlich sagst, dass es sich größtenteils um Inhalte handelt, die auch kostenlos auf deinem Blog stehen.

Digitale Produkte verkaufen

Nachdem du jetzt einen guten Eindruck von digitalen Produkten gewonnen hast, geht es nun darum, diese Produkte auch an den Mann bzw. die Frau zu bringen. Wie schon erwähnt, ist es möglich, hier sehr viel zu automatisieren. In diesem Abschnitt stelle ich dir nun mehrere Möglichkeiten vor, digitale Produkte zu verkaufen – mit so wenig Aufwand wie möglich.

Verkauf mit wenig Aufwand

1. Möglichkeit: Direkt über die Webseite verkaufen

Die erste Möglichkeit ist naheliegend: Auf deiner Webseite gibt es einen Menüpunkt, der „Produkte" oder so ähnlich heißt. Deine Leser klicken darauf, sehen deine Produkte (wie in einer Art Shop), informieren sich auf einer detaillierten Sales-Page und klicken dann den „Kaufen"-Button ... oder zumindest tun sie das in einer perfekten Welt, im echten Leben läuft das aber etwas anders. Dazu ein paar Grundüberlegungen:

Auf Amazon oder Zalando funktioniert es tatsächlich so. Denn hier weiß jeder Kunde, dass er das Buch oder das Paar Schuhe auch tatsächlich bekommen wird, wenn er auf „Kaufen" klickt. Auf der Webseite eines Bloggers, die man gerade erst über Google gefunden hat und auf der ein paar interessante Artikel stehen, ist das anders, und zwar aus zwei Gründen: Erstens weiß man nicht, ob das Geld nicht irgendwo in den Untiefen des Internets verschwindet und man niemals das (auch noch virtuelle) Produkt bekommt, und zweitens ist bei digitalen Produkten (auch Infoprodukte genannt) nicht sicher, ob sie wirklich den versprochenen Nutzen bringen. Deshalb kommt es selten zu Impulskäufen.

Vertrauen Neue Besucher und Leser brauchen (abhängig von der jeweiligen Studie) bis zu zehn Kontakte (Artikel lesen, Mails bekommen, Post auf Facebook sehen etc.), bis sie online einen Kauf auch nur in Erwägung ziehen. Zuerst muss Vertrauen aufgebaut werden, und das braucht Zeit sowie mehrere Möglichkeiten und Kanäle, um den potenziellen Kunden „Beweise" zu liefern. Einfach die Produkte auf die Webseite stellen und warten funktioniert also wenn überhaupt nur bei sehr günstigen Produkten.

Um digitale Produkte zu einem höheren Preis (rund 300 Euro oder mehr) zu verkaufen, sind auf jeden Fall mehr Kontakte zum Interessenten nötig, während man bei günstigeren Produkten (z. B. E-Books) auch mal auf Spontankäufe hoffen kann. Der Verkaufserfolg hängt also mit dem Preis und der jeweiligen Verkaufsstrategie zusammen. Günstige Produkte können offen und zu jeder Zeit auf der Webseite zum Kauf angeboten werden. Bei teureren Produkten sollte das Prinzip der Verknappung zum Einsatz kommen. Im Online-Business nennt man das üblicherweise den „Launch":

Prinzip der Verknappung Du kennst das: Ein neues iPhone kommt auf den Markt, aber in deinem Land wird nur eine begrenzte Stückzahl im ersten Monat verfügbar sein. Sofort kommen einem die Menschenmassen vor den Apple Stores in den Sinn. Alles, was es nicht immer und unbegrenzt gibt, will man erstens unbedingt haben und zweitens ist man auch bereit, einen höheren Preis dafür zu bezahlen. Daher sollten digitale Produkte ab einem bestimmten Preis nicht immer zum Verkauf stehen. Interessenten können sich per E-Mail in eine „Warteliste" eintragen und werden dann informiert, sobald es das Produkt wieder zu kaufen gibt. Natürlich werden sie per E-Mail informiert, und das üblicherweise mehrfach mit einer auf eine bestimmte Verkaufsdramaturgie abgestimmten E-Mail-Sequenz. Jetzt wird dir einmal mehr klar, wie wichtig E-Mail-Marketing ist.

2. Möglichkeit: Indirekt über E-Mail-Marketing verkaufen

Was ist verdammt nochmal ein „Sales-Funnel"? Keine Angst, auch dieser Online-Marketing-Begriff ist schnell erklärt: Ein Sales-Funnel ist der Weg, den dein Besucher auf deiner Webseite geht, also: Seite finden, Artikel lesen, in die Mailingliste eintragen, Freebie downloaden, Infos zur Webseite bekommen, Infos über Produkte bekommen, in die Warteliste für ein Produkt eintragen, Infos rund um das Produkt bekommen, Verkaufsmails bekommen, kaufen und wieder von vorne.

Der Funnel

Funnel-Schritt 1 – Traffic: In den Kapiteln davor haben wir uns bereits intensiv mit diesem Schritt beschäftigt und du hast einige Methoden kennengelernt, wie du neue Leser auf deine Seite bringst. Wie du jetzt aber siehst, ist das nur der allererste Schritt, denn diese Leser müssen nun zu Fans, zu Interessenten und auch zu Kunden gemacht werden. Das macht der Funnel.

Funnel-Schritt 2 – Freebie & „Call to Action": Neue Leser finden deine Seite, und dein vorrangiges Ziel ist es nun, dass sie sich in deinen Newsletter eintragen. Wie du im Kapitel über E-Mail-Marketing erfahren hast, hilft dir ein Freebie (z. B. ein kleines kostenloses E-Book) dabei, mehr Leser zu Newsletter-Abonnenten zu machen. Wichtig ist, dass du deine Leser so oft wie möglich zum Eintragen aufforderst oder ihnen das kostenlose Freebie anbietest („Call to Action"). Das ist einer der wichtigsten Schritte, denn sobald ein Leser zu einem Newsletter-Abonnenten geworden ist, kannst du viel mehr mit ihm „anfangen".

Funnel-Schritt 3 – Follow-up-Mails: Der Leser hat sich das Freebie geholt, nun starten die sogenannten Follow-up-Mails (siehe Abschnitt 3.4). Sie haben die Aufgabe, den Leser in deine Welt zu führen, Nutzen und Mehrwert zu liefern, etwas über dich zu erzählen und Schritt für Schritt immer mehr zu beweisen, dass du ein Experte in deinem Bereich bist und die Probleme deiner Leser lösen kannst. Wichtig ist, dass du in dieser Phase (die durchaus einige Mails über ein paar Wochen umfassen kann) nicht sofort mit der Tür ins Haus fällst und die Verkaufskelle schwingst. Wir sind hier im Prozess der Vertrauensbildung!

Funnel-Schritt 4 – Segmentierung: Nun gilt es, die „normalen" Leser von den Kaufinteressenten zu trennen. Man nennt das Segmentierung. Es geht vor allem darum, dass du Leser, die noch nicht so weit sind, von dir etwas zu kaufen, nicht mit „Werbe- und Verkaufsmails" behelligst. Um das zu erreichen, kannst du kurz eines deiner Produkte vorstellen und deine Leser bitten, quasi „die Hand zu heben", wenn sie das Produkt interessant finden. Mit einem Klick auf einen Link oder das Eintragen in eine Interessentenliste (keine Angst, die Technik übernimmt das), hast du deine Leser segmentiert und du kannst einem Teil deiner Abonnenten nun weitere Informationen über deine Produkte schicken.

Funnel-Schritt 5 – Mails vor dem Launch: Nun startet die sogenannte Launch-Sequenz, also eine Reihe von Mails, die darauf abzielen, dem Kunden ein Produkt zu verkaufen. Es gibt hier die verschiedensten Verkaufstechniken, mit Videos, mit bestimmten Mail-Inhalten, Testimonials, Vorher-nachher-Berichten und vielem mehr. Achte darauf, dass du den Lesern nicht nur dein Produkt und dessen Eigenschaften vorstellst, sondern vor allem den Nutzen, den das Produkt liefert. Wichtig ist, dass die Leser in diesen Mails noch keine Möglichkeit bekommen, zu kaufen, sondern einfach mit mehreren Mails innerhalb eines bestimmten Zeitraums (üblicherweise rund fünf Mails über eine Woche hinweg) auf den Kauf vorbereitet werden. Auch erfährt man in diesen Mails, dass das Produkt nur für eine bestimmte Zeit zu haben ist und von wann bis wann das sein wird.

Funnel-Schritt 6 – Launch: Jetzt wird's spannend: Mit den Launch-Mails bekommt der Interessent nun endlich die Möglichkeit, zu kaufen. (Du erkennst vermutlich in dem Prozess sehr viele Parallelen zu Produktlaunches von Apple & Co.) Für eine bestimmte Zeit (üblicherweise zwei Tage bis maximal eine Woche) steht das Produkt zum Verkauf, der Leser bekommt Mails mit Links zur Sales-Page mit allen weiteren Infos (also eigentlich eine Zusammenfassung der vorangegangenen Mails). Und der Kaufinteressent wird auch immer wieder daran erinnert, dass es das Produkt nur eine begrenzte Zeit lang gibt.

Ein optionaler Funnel-Schritt – Upsell, Downsell und One Time Offer

Ein altes Verkäufergesetz besagt, dass jemand, der gerade etwas kauft, auch motiviert ist, noch ein wenig mehr zu kaufen. Bei diesem optionalen Schritt machen sich die Online-Marketer genau dieses Phänomen zunutze und bieten dem Interessenten nach dem Kauf des ersten Produkts weitere, dazu passende – teurere (Upsell) oder günstigere (Downsell) – Produkte an. Meistens wird hier auch mit der „One Time Offer"-Strategie noch mal verknappt, das bedeutet, dass es bestimmte Produkte „nur jetzt" und „nur im Rahmen dieses Kaufprozesses" so günstig gibt. Eine Strategie, die nicht jedermanns Sache ist, die aber sehr gut funktioniert.

Funnel-Schritt 7 – Nach dem Verkauf ist vor dem Verkauf: Wie schon erwähnt, ist es einfacher, an bereits bestehende Kunden zu verkaufen als an Neukunden. Deshalb lässt man den Kunden mit ihrem neuen Produkt nun ein wenig Zeit, um sie dann in weiterer Folge mit einer ähnlichen Mail-Sequenz wie oben zu einem weiteren Kauf anzuregen.

Typische Fehler beim Aufbau des Funnels

All das klingt nach einer Menge Aufwand und viel Arbeit, aber diese „Maschine" muss nur einmal gebaut werden. Sobald das System steht und alle Zahnräder ineinandergreifen, läuft das Ding fast von selbst und muss nur hier und da mal „aufgezogen" werden. Abschließend möchte ich jedoch noch drei wichtige Fehler erwähnen, die gerne beim Sales-Funnel-Aufbau gemacht werden:

Fehler 1
Der Fehler Nummer eins besteht darin, den Fokus zu sehr auf Lead-Generierung zu legen, sich also nur darum zu kümmern, dass sich viele Menschen in den Newsletter eintragen, das Management dieser Eintragungen aber zu vernachlässigen – oder umgekehrt. Du musst bei deinen Aktivitäten die Balance halten: Sorge dafür, dass sich Menschen in deinen Sales-Funnel eintragen, überlege dir aber auch, was du dann mit diesen Menschen vorhast: Welche Mails bekommen sie? Was verkaufst du ihnen wann?

Fehler 2
Fehler zwei ist der übertriebene Fokus auf den technischen Aspekt: lange Zeit Tools suchen, verschiedene Newsletter-Programme ausprobieren und sich zu sehr darauf konzentrieren, einen technisch ausgefeilten Prozess zu schaffen, aber dabei einfach nicht ins Handeln kommen.

Fehler 3
Der dritte verbreitete Fehler ist, das Ganze nicht mit Zahlen zu erfassen: Wie viele Menschen tragen sich ein, wie viele Menschen tragen sich wieder aus, wie viele Menschen bleiben wie lange? Wie viele Menschen kaufen vielleicht das eine oder andere Produkt, und an welcher Stelle? Wenn du dir das nicht in Ruhe anschaust und auf Basis dessen natürlich auch den ganzen Prozess optimierst, dann bringt der ganze Sales-Funnel-Spaß nichts!

Success Story 6: Blogstart: Von 0 auf 10 000 in einem Monat

(NATASCHA ZIMMERMANN, NATASCHAZIMMERMANN.COM)

Ganz sicher war ich mir nicht, ob das genauso gut funktionieren würde wie vor über drei Jahren. Drei Jahre sind im Zeitalter des Internets eine wirklich, wirklich lange Zeit. Viel hat sich in dieser Zeit getan, und als meine Freundin Natascha Zimmermann ihren Blog (www.NataschaZimmermann.com) starten wollte und wir begannen, das gemeinsam durchzudenken, war nicht klar, dass das wieder so ein Durchmarsch werden würde.

Denn wie gesagt, die Zeiten haben sich geändert. Vor drei Jahren war ein neuer Artikel auf Facebook noch in der Lage, Begeisterungsstürme hervorzurufen. Heute können das nicht mal mehr Katzenfotos.

Somit stellte ich mir ganz ernsthaft die Frage: Markus, kann es wirklich funktionieren, dass du wieder die gleichen Hebel bewegst und schon funkt es genauso fein wie vor drei Jahren? Geht das? Ist das nicht in unserer kurzlebigen Echtzeit-Internetwelt ein wenig vermessen, wenn nicht sogar blauäugig?

Ähm, nein. Ist es nicht. Denn (für mich selbst fast unglaublich) ich könnte laut mit Britney Spears mitsingen: „Oops! I did it again ..." Hier sind die acht Schritte, die den Blog von Natascha Zimmermann erfolgreich starten ließen:

1. Die Person hinter dem Blog

Fangen wir mal beim Wichtigsten an: dem Menschen, der einen Blog schreibt. Denn die Lösungen, die Menschen online suchen, sollen nicht irgendwelche Lösungen sein. Sie sollen von Mensch zu Mensch weitergegeben werden.

Somit ist es wichtig, dass du nicht nur schreibst und zeigst, was du alles kannst, bist und erreicht hast (besonders unsinnig ist es, von dir selbst als Experten zu sprechen), sondern dass du vor allem authentisch gegenüber deinen Lesern bist. Nicht perfekt, sondern echt. Was nicht immer leicht ist, aber den Unterschied macht.

2. Die Nische

Was ich – sorry – verdammt noch mal nicht mehr sehen kann, sind Blogger, die anderen etwas erklären wollen (u.a. wie man ein erfolgreiches Business aufbaut) und das selber noch nicht geschafft haben. Ich muss mich beim Schreiben dieser Zeilen gerade wirklich zusammenreißen, um nicht ausfallend zu werden beim Gedanken an die ganzen unauthentischen, unehrlichen Blogs, die Tag für Tag online gehen. Wenn du einen Blog und ein Online-Business starten willst, lass dir bitte etwas anderes, etwas eigenes einfallen!

Natascha Zimmermann bringt auf ihrem Blog traditionelle fernöstliche Weisheit und Spiritualität mit westlichem Streben nach Erfolg und Wohlbefinden zusammen.

3. Problem, Expertenstatus und Lösung

Okay, wir bleiben noch ein wenig beim Punkt Authentizität. Die Antwort auf die Frage, warum ein Blog von Lesern gut aufgenommen wird, ist recht einfach: Das ist dann der Fall, wenn das Problem der Leser von jemandem gelöst wird, der dieses Problem selbst auch einmal hatte und eigene Wege gefunden hat, diese Hürden zu meistern.

Jeder erfolgreiche Blog, den ich kenne, funktioniert so, egal ob MarathonFitness.de, Affenblog.de, VillaNatura.at, Zendepot.de, Selbst-management.biz oder NataschaZimmermann.com. All diese Blogs haben diesen gemeinsamen Nenner. Für einen Blog reicht es nicht, drei Blogartikel zu lesen und einen vierten zu schreiben. Es braucht viel mehr, nämlich die eigene, persönliche, manchmal langjährige Erfahrung des Bloggers.

4. Das Branding

Auch wenn man wie Natascha ein Thema von der Stange benutzt, kann man Personal Branding machen: Farben, Schriften, Bildsprache, Fotos, Wording und vieles mehr helfen einem dabei, „outstanding" zu sein, und zwar von Anfang an. Auf den ersten Blick sind die klaren Linien, die Farben Schwarz und Gold und die Schriften nicht das, was man bei der Thematik von Nataschas Blog erwartet. Genau darum geht's.

Denn pastellfarbene Elemente und liebliche Formen sind beim Themenfeld Ernährung, Gesundheit & Co. so naheliegend, dass man im Sumpf von Tausenden Blogs untergehen würde. Personal Branding bedeutet auch den Mut, die Regeln und Konventionen der jeweiligen Nische bewusst zu brechen. Dann bleibst du den Menschen im Gedächtnis.

5. Der Content

Natascha hat in den letzten Jahren unglaublich viel Erfahrung rund um ihre Nische gesammelt. Daher schüttelt sie den Content quasi aus dem Ärmel und kann etwas, das sehr wichtig ist: ihre persönlichen Erfahrungen einbringen. Denn sie ist quasi das Lehrbuchbeispiel für einen Blogger: All die Probleme und Hürden, vor denen ihre Leser heute stehen, waren auch die ihren. (Sie schildert ihre Geschichte sehr offen in ihrem Newsletter.)

Ihre Blogartikel und Videos waren für fast zwei Monate vorproduziert, sodass sie sich in aller Ruhe der Startpromotion und der Launchstrategie widmen konnte. Anfänglich fokussierte sie sich auf List-Posts, die ja bekanntermaßen bei Lesern sehr beliebt sind. Inhaltlich sollte die gesamte Bandbreite ihres Themas abgedeckt werden und den neuen Lesern so schnell wie möglich einen Gesamtüberblick über ihren Blog geben.

6. Die Launchstrategie

Wie schon bei meinem Blogstart vor über drei Jahren setzten wir auf die „Small Army"-Strategie und benutzten Nataschas Facebook-Freunde-Netzwerk, um in den ersten Wochen ein „Grundrauschen" entstehen zu lassen. Zusätzlich ist Natascha in Facebook-Gruppen und Foren aktiv, kommentiert andere Blogartikel und startete ihre ersten Netzwerkaktivitäten (bei der Austrian Blogger Conference, beim „Liebe Leben"-Event von Melanie Mittermaier und bei lokalen Meetups in Wien).

Auch die ersten Gastartikel warten. Zusätzlich wurden Artikel, die von Anfang an erfolgreich waren, mit einem Mini-Facebook-Ad-Budget (unter 150 Euro) beworben, was den Anfangs-Buzz unterstützte.

7. Die richtigen Werkzeuge

Nun wird's ein wenig nerdy: Natürlich bloggt Natascha auf WordPress, und sie setzt ein WordPress-Theme von ThemeForest ein. Von Anfang an fokussierten wir uns auf die Wichtigkeit von E-Mail-Marketing und entschieden uns für ActiveCampaign gemeinsam mit dem WordPress-Plug-in Thrive Leads. Die Blogfotos liefert Graphic-Stock (optimiert mit dem Plugin Short Pixel Image Optimizer), DigiMember und Digistore kommen beim Online-Kurs zum Einsatz. (Alle Links dazu gibt's im Online-Bonus-Bereich.)

Wie du siehst, ist das Ganze sehr übersichtlich, regelmäßige Kosten fallen nur durch ActiveCampaign an. Meine Erfahrung nach über drei Jahren Online-Business ist: Du brauchst 99 Prozent von dem ganzen Online-Marketing-Zeugs nicht.

8. Ein digitales Produkt

Natascha hat etwas ganz Wichtiges getan: Bevor es den Blog Natascha-Zimmerman.com gab, gab es einen Online-Kurs, nämlich das „Pudelwohl-Konzept". Es handelt sich um die Quintessenz von Nataschas Wissen rund um eine gesunde Lebensweise. Und zwar ohne Entbehrungen, alltagstauglich und mit viel Genuss.

Bevor es den Blog gab, haben wir auch bereits einen Verkaufsdurchgang durchgeführt, um zu testen, wie das Produkt ankommt. Somit hat sie einen erheblichen Vorteil: Natascha hat relativ schnell eine gute Chance, von ihrer Leidenschaft zu leben. (Ich sage es ganz offen: Das war einer meiner größten Fehler. Ich war damit einfach viel zu spät dran, und es war dann zunächst ganz und gar nicht leicht, meine digitalen Produkte zu verkaufen.)

Es macht also absolut Sinn, das digitale Produkt bereits in die gesamte Blogstartstrategie zu integrieren, eine Interessentenliste aufzubauen und von Anfang an klarzumachen, dass Wertschöpfung (kostenlose Artikel) und Wertschätzung (kostenpflichtige Produkte) eine Einheit ergeben, so wie auf Nataschas Blog.

Fazit und die gute Nachricht für dich

Ein erfolgreicher Blogstart ist keine Wissenschaft. Ein erfolgreicher Blog an sich ist keine Kunst. Es braucht einen Plan, eine Strategie, Kompetenz,

Leidenschaft, einen Mini-Anteil Technik und die zwei wichtigsten Faktoren: Fokus und Durchhaltevermögen. (Letzteres steht bei Natascha natürlich noch an.)

Nataschas Blogstart ist auch ein Beweis dafür, dass es auch heute (wo es schon so viele Blogs gibt) noch möglich ist, erfolgreich zu starten. Nataschas Blog ist ein Zeichen zum Aufatmen für all jene, die sich noch nicht mit einem Blog an die Öffentlichkeit getraut haben, weil sie Angst haben, dass ihr Thema zu klein, zu unscheinbar, zu speziell wäre.

24 Fehler, die du bei deinem Blogbusiness unbedingt vermeiden solltest

In einem Buch wie diesem gibt es eine stattliche Anzahl an Ratschlägen, man erfährt also, was man tun sollte, um erfolgreich zu sein. Ich kann mir vorstellen, dass du ein wenig erschlagen bist von all dem, was es beim Bloggen zu tun gibt. Die gute Nachricht ist: Es wird dir unglaublich viel Spaß machen.

Aus Fehlern lernen Aber es gibt auch eine ganze Menge Dinge, die du beim Bloggen beachten musst, Fallen, in die du tappen kannst, Denkfehler, denen du auf den Leim gehen kannst, und Abzweigungen, die dich in die Irre führen. Sehr viel davon habe ich selbst erlebt, andere Fehler haben meine Blogger-Freunde begangen und mir davon berichtet.

Daraus habe ich für dich eine Art Checkliste erstellt, die verhindert, dass du unsere Fehler noch einmal machen musst. Die Reihenfolge der Punkte ist nicht wertend oder priorisierend, es ist einfach eine Ansammlung von all dem, was man beim Bloggen so richtig falsch machen kann:

Nutzen für den Leser **1. Fokus auf Masse statt auf Klasse:** Konzentriere dich auf den Nutzen für deine Leser, darauf, Probleme für sie zu lösen, und nicht darauf, viel und oft zu veröffentlichen.

2. Nicht für dein Publikum schreiben: Viele Blogger lieben ihr Thema so sehr, dass sie die Artikel nach ihren eigenen Interessen ausrichten und nicht nach denen der Leser. Nimm dich selbst ein wenig zurück!

3. Nicht für die Leser da sein: Einfache Regel: Beantworte jede E-Mail und jeden Kommentar. Ansonsten haben deine Leser nicht das Gefühl, dass du für sie da bist.

Immer antworten

4. Die Artikel nicht promoten: Viele denken: „Ich schreibe einen Artikel und der Rest passiert von selbst." Falsch! 20 Prozent deiner Arbeit sollte das Schreiben sein. Der Rest ist reine Promotion und dient der Bekanntmachung deines Blogs und deiner Inhalte. Der beste Blog wird es schwer haben, wenn keiner von ihm weiß.

5. Keine Netzwerke aufbauen: Andere Blogger sind deine Verbündeten und nicht deine Konkurrenz. Helft euch gegenseitig!

6. Keinen Plan haben: In der Anfangsphase musst du dir überlegen, wann was erscheint und dir einen Redaktionsplan machen, damit du in der Spur bleibst.

Redaktionsplan

7. Kein Ziel und keine Vision: Fange nicht „einfach so" zu bloggen an, sondern überlege dir, wohin die Reise gehen soll: Egal, ob es einfach Spaß machen soll, du die Welt verändern möchtest oder damit einmal Geld verdienen willst – bestimme dein Ziel.

8. Keine Mailingliste anlegen: Biete deinen Lesern von Anfang an die Möglichkeit, sich in eine Newsletter-Liste einzutragen. So kannst du jederzeit und direkt mit deinen Lesern in Kontakt treten.

Newsletter von Anfang an

9. Nur für Geld bloggen: Ein Blog ist kein Geschäftsmodell, aber ein großartiges Marketing-Tool. Mache dir aber klar, dass deine Leser es merken werden, wenn es dir nur um die Kohle geht.

10. Fokus auf Design und Technik: WordPress, Themes, Design, Logos etc. – alles nicht so wichtig. Wenn du einen Plan, ein Ziel und eine Leidenschaft hast, dann fang einfach an.

11. Dein Thema ist nicht deine Leidenschaft: Andere mögen dir empfehlen, gezielt nach Trend-Themen zu suchen, aber wenn dich dein Thema nur mittelmäßig bis gar nicht interessiert, dann wird das nicht funktionieren. Du kannst nicht alles geben und voll hinter deiner Leistung stehen, wenn das Thema nicht wirklich deine Leidenschaft ist.

Lösungen, für die man Geld ausgibt

12. Das Problem, das du löst, ist nicht wichtig genug: Wenn du ein Problem löst, das anderen nicht wichtig genug ist, dann hast du ein Problem! Gibt es in deiner Nische tatsächlich ein Problem, das es zu lösen gilt? Und ist dieses Problem so wichtig, dass Menschen bereit sind, dafür Geld auszugeben?

13. Zu viel denken und zu wenig tun: Der Klassiker! Planen, konzipieren, an der Strategie arbeiten – aber nicht ins Tun kommen. Viel mehr brauche ich dazu nicht zu sagen, glaube ich.

14. Nicht herausragend sein: Es gibt unglaublich viele Blogs da draußen. Wichtig ist, dass du aus der Masse herausstichst – mit deinem Namen, deinem Aussehen, dem Styling der Seite, deiner Wortwahl, der Art und Weise, wie du mit deiner Zielgruppe sprichst, der Qualität deiner Inhalte oder wie auch immer.

Dranbleiben!

15. Falsche oder überzogene Erwartungen: Du beginnst, im Online-Business zu arbeiten, schaust auf die Großen und denkst dir, „Boah, der Typ verdient so viel Kohle, hat so viele Leser – das kann ich auch!" Und nach den ersten Monaten merkst du, so schnell geht das doch nicht. Dann heißt es: dranbleiben!

16. Nicht auf deinen Bauch hören oder nicht auf Menschen hören, die sich wirklich auskennen: Das sind natürlich zwei verschiedene Dinge, und Bauchgefühl und die Meinung anderer können durchaus im Widerspruch stehen. Mein Rat: zuerst Menschen befragen, die sich auskennen, und dann in sich reinfühlen: Möchte ich das auch so machen? Fühlt sich das für mich richtig an?

17. Zu lange warten, bis du ein Produkt entwickelst: Wenn du ein halbes, vielleicht sogar ein Jahr oder länger einen Blog betreibst und dein einziger Fokus „mehr Leser" oder „mehr Newsletter-Abonnenten" ist, wird es schwierig. Deine Leser haben sich nämlich daran gewöhnt, dass deine Inhalte kostenlos sind. Hier gilt es, die Gratwanderung zu schaffen zwischen Blogaufbau und dem Verkauf digitaler Produkte – nicht zu spät, nicht zu früh.

Nicht zu spät, nicht zu früh

18. Zu kreativ sein: „Da muss ich jetzt noch eins draufsetzen, noch kreativer sein", denke ich noch immer manchmal, habe aber gelernt: Wenn es für dich einfach geht, und wenn es einfach geht für deine Leser, dann ist es gut.

19. Perfekt sein wollen: Willst du zu perfekt sein, werden deine Artikel oder Produkte nie erscheinen. Oder noch viel schlimmer: Dein Blog geht gar nicht erst online.

20. Alles alleine machen wollen: Auch ein Klassiker! In der Anfangsphase kostet natürlich alles Geld: ein Grafiker, ein Lektor, der die Texte Korrektur liest, jemand, der sich um Social Media kümmert, jemand für die Buchhaltung usw. Aber wenn du alles alleine machen willst, dann wirst du als Blogger niemals richtig erfolgreich sein.

21. Den Unterschied zwischen Blog und Business nicht kennen: Mach dir klar, dass der Blog nicht das Business an sich ist, sondern nur ein Werkzeug, um dein Business aufzubauen. Das heißt, Investitionen in den Blog sind gut und wichtig, aber nur, solange sie tatsächlich Resultate für das Business dahinter liefern.

22. Keine E-Mail-Marketing-Strategie haben: Einfach nur einen Newsletter auszusenden und zu sagen, dass ein neuer Blogartikel erschienen ist, reicht nicht. Die Mailingliste dient dazu, dein Business zu monetarisieren, und das geht nur mit Strategie.

Monetarisieren

23. Sich mit den falschen Menschen umgeben: Du bist als Blogger umgeben von Menschen, die keine Ahnung von dem haben, was du tust, die es vielleicht auch nicht verstehen können oder wollen. Sei bemüht, dich stattdessen mit Menschen zu umgeben, die ähnlich ticken wie du. Netzwerke mit Bloggern, vernetzte dich auf Social Media, geh auf Events usw.

24. Nicht auf deine Leser und Kunden hören: Ein Vorteil im Online-Business ist, dass es leicht ist, Feedback von Lesern und Kunden zu bekommen. Wenn du das aber über weite Strecken hinweg ignorierst, dann wirst du irgendwann keine Leser mehr haben.

Feedback
der Leser

Fang an!

Am Ende dieses Buches bleibt mir nur noch, dir viel Erfolg mit deinem Blogbusiness zu wünschen. Krempel die Ärmel hoch und fang an!

Das Bloggen hat mein Leben tatsächlich völlig auf den Kopf gestellt. Es sind so viele gute Dinge passiert, sodass ich einfach Tag für Tag überwältig und dankbar bin, welche Türen sich für mich geöffnet haben. Was die Kollegen in den Success Stories immer wieder angemerkt haben, kann ich auch von mir sagen: Ich hätte mir nie gedacht, was mit einem Blog alles möglich ist.

Bloggen öffnet Türen

Ein Blog ist für mich ohne Frage der einfachste Weg, das, was du gerne tust, zu etwas zu machen, wovon du leben kannst. Und das ist wichtig, denn die Zeit, die du mit etwas verbringst, das dir nichts bedeutet, kommt nie wieder. Niemand bedauert am Ende seines Lebens, zu wenig Zeit in einem langweiligen Job verbracht zu haben oder in einem Business, das keinen persönlichen Wert hat.

Von dem leben, was du gerne tust

Die Zeit, in der du etwas machst, was dich begeistert, nimmt dir niemand weg. Ein Blog ist der sicherste Weg, um deine Zeit in Zukunft damit verbringen zu können.

Also fang an! Erschaffe einen Blog, auf den du stolz sein kannst, der das in die Welt trägt, was dir wichtig ist und mit dem du auch gutes Geld verdienen kannst.

Lass es dir gut gehen!

Der Online-Bonus-Bereich und die nächsten Schritte

Wie schon anfangs und im Laufe des Buches immer wieder erwähnt, ist der Online-Bonus-Bereich ein wichtiger Bestand dieses Buches. Denn Bloggen ist nun einmal ein Online-Thema und vieles wird leichter, wenn man einfach nur klicken muss.

Daher habe ich viele weiterführende Materialien, Links, Ressourcen und eine paar kostenlose Überraschungen online gesammelt, die den Lesern meines Buches exklusiv zur Verfügung stehen.

Auf der Domain www.erfolgsfaktorbloggen.com/ebb-start erfährst du, wie du zu all den weiterführenden Infos Zugang bekommst.

Literaturverzeichnis

Currey, Mason: *Musenküsse. „Für mein kreatives Pensum gehe ich unter die Dusche.": Die täglichen Rituale berühmter Künstler.* Kein & Aber 2014

Faltin, Günter: *Kopf schlägt Kapital: Die ganz andere Art, ein Unternehmen zu gründen Von der Lust, ein Entrepreneur zu sein.* dtv 2012

Ferriss, Timothy: *Die 4-Stunden-Woche.* Ullstein 2015

Frankl, Viktor: *Der Mensch vor der Frage nach dem Sinn.* Piper 1985

Ilies, Florian: *Generation Golf 2.* Goldman Verlag 2005

Robbins, Anthony: *Das Robbins Power Prinzip: Wie Sie Ihre wahren inneren Kräfte sofort einsetzen.* Ullstein 2014

Stichwortverzeichnis

Über den Autor

Markus Cerenak hat in Hamsterrad-Jobs gearbeitet: Nine to Five, Büro, Schreibtisch, Kaffeemaschine, Chef, Kollegen, Stechuhr, Anwesenheit, Jour fixes ...

Er hat Kommunikationswissenschaft, Politikwissenschaft und Musikwissenschaft studiert, war Marketing-Leiter, Chefredakteur und Event-Marketer. Doch schon immer war alles ein wenig anders. Markus Cerenak war auch DJ, Barkeepe und Opernkritiker.

Irgendwann wurde ihm klar, dass all das, was er auf der Universität gelernt hatte, und die Branche, in der er 15 Jahre lang gearbeitet hatte, nicht mehr sein Lebensinhalt sein sollten.

Er beschloss, etwas zu tun, das seine Leidenschaft ist. In den USA wurde er vom Erfinder des NLP, Dr. Richard Bandler, zum NLP-Trainer ausgebildet. Nach ein paar Jahren im Trainer-Business startete er seinen Blog MarkusCerenak.com

Heute ist er Blogger und lebt von seinem Blogbusiness: Er vermarktet diverse eigen- und fremdproduzierte digitale Produkte. Gelegentlich hält er Vorträge und gibt Seminare.

Auf seiner Webseite MarkusCerenak.com unterstützt er seine Leser und Hörer mit Blogartikeln und Podcasts dabei, ihr berufliches Hamsterrad zu verlassen, ihre Berufung zu finden und Erfolg und Entspannung unter einen Hut zu bekommen.

Markus Cerenak lebt und arbeitet in Wien, auf Mallorca und dem Rest der Welt.

Whitebooks

Kompetentes Basiswissen für Ihren
beruflichen und persönlichen Erfolg.

Martin Geiger
**Schneller als die
Konkurrenz**

ISBN
978-3-86936-703-3
€ 19,90 (D)
€ 20,50 (A)

Katharina Maehrlein
**Erfolgreich führen
mit Resilienz**

ISBN
978-3-86936-669-2
€ 19,90 (D)
€ 20,50 (A)

Andreas Buhr
Führungsprinzipien
ISBN 978-3-86936-702-6
€ 19,90 (D) / € 20,50 (A)

Hannelore und Markus F. Weidner
Anerkennung und Wertschätzung
ISBN 978-3-86936-705-7
€ 19,90 (D) / € 20,50 (A)

Lars Schäfer
Vertrauen im Verkauf
ISBN 978-3-86936-670-8
€ 19,90 (D) / € 20,50 (A)

Urs Altmannsberger
Profitabler Einkauf
ISBN 978-3-86936-706-4
€ 19,90 (D) / € 20,50 (A)

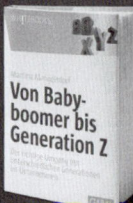

Martina Mangelsdorf
Von Babyboomer bis Generation Z
ISBN 978-3-86936-672-2
€ 19,90 (D) / € 20,50 (A)

Claudia Fischer
**99 Tipps für erfolgreiche
Telefonate**
ISBN 978-3-86936-668-5
€ 24,90 (D) / € 25,60 (A)

Alle Titel auch als E-Book erhältlich

gabal-verlag.de

In 30 Minuten wissen Sie mehr!

Kompetentes Wissen praxisorientiert und übersichtlich auf den Punkt gebracht.

Jedes Buch 96 Seiten, € 8,90 (D) / € 9,20 (A)

**Dörthe Huth
30 Minuten
Achtsamkeit**

ISBN
978-3-86936-708-8

**Hans-Georg
Willmann
30 Minuten
Arbeitszufriedenheit**

ISBN
978-3-86936-677-7

Michael T. Wurster, Jörg Knoblauch,
Werner Ziegler, Hanns Hub
30 Minuten Bewerben mit Profil
ISBN 978-3-86936-676-0

Nayoma Viktoria de Haen,
Torsten Hardieß
30 Minuten Gewaltfreie Kommunikation
ISBN 978-3-86936-673-9

Svenja Hofert, Thorsten Visbal
30 Minuten Teams führen
ISBN 978-3-86936-711-8

Marieluise Noack
30 Minuten Umsetzungspower
ISBN 978-3-86936-709-5

Tobias Ain
30 Minuten Verkaufsgespräche
ISBN 978-3-86936-710-1

Markus Hornig
30 Minuten Lebensenergie
ISBN 978-3-86936-678-4

Alle Titel auch als E-Book erhältlich

gabal-verlag.de

Augen zu, Ohren auf!
Diese Bücher können sich hören lassen.

 Ungekürzte Hörbuchfassungen

Steffen Kirchner
Totmotiviert?

ISBN 978-3-86936-713-2
€ 49,90 (D) / € 56,00 (A)

Paul Johannes Baumgartner
Das Geheimnis der Begeisterung

ISBN 978-3-86936-712-5
€ 39,90 (D) / € 44,80 (A)

Rob Symington, Dom Jackman,
Mikey Howe
Das Escape-Manifest
ISBN 978-3-86936-680-7
€ 49,90 (D) / € 56,00 (A)

Peter Brandl
Kommunikation
ISBN 978-3-86936-714-9
€ 39,90 (D) / € 44,80 (A)

Stefan Merath
Der Weg zum erfolgreichen
Unternehmer
ISBN 978-3-86936-032-4
€ 59,90 (D) / € 67,20 (A)

Cordula Nussbaum
Geht ja doch!
ISBN 978-3-86936-681-4
€ 49,90 (D) / € 56,00 (A)

Ilja Grzeskowitz
Die Veränderungs-Formel
ISBN 978-3-86936-682-1
€ 49,90 (D) / € 56,00 (A)

Stefanie Demann
Selbstcoaching
ISBN 978-3-86936-683-8
€ 39,90 (D) / € 44,80 (A)

 Alle Titel auch als MP3-Download erhältlich

gabal-verlag.de